目　　次

1. 直流回路

1.1　直流回路の電流と電圧 …………………… 2
1.2　抵抗の接続 ……………………………………… 7
1.3　直流回路の計算 ……………………………… 13
1.4　導体の抵抗 …………………………………… 18
1.5　電流の作用 …………………………………… 21
1.6　電　池 ………………………………………… 24

2. 電流と磁気

2.1　磁　界 ………………………………………… 26
2.2　電流による磁界 ……………………………… 28
2.3　電磁力 ………………………………………… 32
2.4　磁気回路と磁性体 …………………………… 35
2.5　電磁誘導 ……………………………………… 38
2.6　インダクタンスの基礎 ……………………… 41

3. 静電気

3.1　静電力 ………………………………………… 44
3.2　電　界 ………………………………………… 47
3.3　コンデンサ …………………………………… 51

4. 交流回路

4.1　正弦波交流 …………………………………… 56
4.2　正弦波交流とベクトル ……………………… 61
4.3　交流回路の計算 ……………………………… 65
4.4　交流電力 ……………………………………… 77

ステップの解答 …………………………………… 80
標準テスト（解答付）…………………………… 88

ポイントマスター電気基礎（下）トレーニングノート　目次

5. 記号法による交流回路の計算

5.1　交流回路の複素数表示 ……………………… 2
5.2　記号法による交流回路の計算 ……………… 7
5.3　回路網の計算 ………………………………… 29

6. 三相交流

6.1　三相交流回路 ………………………………… 35
6.2　三相交流電力 ………………………………… 44
6.3　回転磁界 ……………………………………… 48

7. 各種の波形

7.1　非正弦波交流 ………………………………… 50
7.2　過渡現象 ……………………………………… 58
7.3　微分回路と積分回路 ………………………… 64

ステップの解答 …………………………………… 66
標準テスト（解答付）…………………………… 72

1 直流回路

1.1 直流回路の電流と電圧

> **トレーニングのポイント**
>
> ① **電気回路** 電流の通路を電気回路といい，電気エネルギーを供給する源を電源，エネルギーを消費するものを負荷という。抵抗は負荷の一種である。
> ② **電流** 導体中の電流 I〔A〕は，t 秒間に Q〔C〕の電荷が移動したとき
> $$I = \frac{Q}{t} \text{〔A〕}$$
> ③ **電圧** 電流を流し続ける力を電圧という。
> ④ **抵抗** 抵抗は電流の流れにくさを表し，エネルギーを消費する負荷の一つである。
> ⑤ **オームの法則** 抵抗 R〔Ω〕に電圧 V〔V〕を加えたとき，流れる電流 I〔A〕は
> $$I = \frac{V}{R} \text{〔A〕}$$
> ⑥ **起電力** 電位差を生じさせる力を起電力という。

◆◆◆◆◆ ステップ 1 ◆◆◆◆◆

□ **1** つぎの文の（　）に適切な語句や記号を入れなさい。

(1) 電気回路において，乾電池のように電気エネルギーを送り出す源を（　　）①，豆電球のように電源からエネルギーを受け，それを消費するものを（　　）②と呼ぶ。

(2) 電気が発生する現象は，（　　）①の存在による。①は，（　　）②電荷と（　　）③電荷の2種類がある。同種の①はたがいに（　　）④し，異種の①はたがいに（　　）⑤する性質がある。

(3) 原子は，（　　）①と（　　）②からできており，②は①の周りの軌道上を回っている。また原子核は，（　　）③の電荷を持ち，電子は（　　）④の電荷を持っており，これらがたがいに打ち消し合い，原子としては電気的に（　　）⑤となっている。

(4) 電流は，電位の（　　）①いところから（　　）②いところへと流れる。この電位の差を（　　）③または（　　）④という。

(5) 電気抵抗は，電流の流れ（　　）①を表している。単に（　　）②ともいう。

(6) 電流は電圧に（　　）①し，抵抗に（　　）②する。これを一般に（　　）③の法則と呼び，I=（　　）④で表される。また，この式を変形すると，V=（　　）⑤，R=（　　）⑥となる。

□ **2** 表1.1を完成させなさい。

表1.1

量	量記号	単位記号	単位の名称
電荷（電気量）	①	②	③
電圧 電位 電位差	④	⑤	⑥
電流	⑦	⑧	⑨
起電力 電源電圧	⑩	⑪	⑫
抵抗	⑬	⑭	⑮

□ **3** つぎの量を〔　〕の単位に換算しなさい。

(1) $30\,\text{mA} = (\quad)$〔A〕　　(2) $1\,300\,\text{V} = (\quad)$〔kV〕

(3) $200\,\mu\text{A} = 2\times 10^{(\quad)}$〔A〕　　(4) $30\,000\,\Omega = (\quad)$〔kΩ〕

(5) $0.03\,\text{M}\Omega = (\quad)$〔kΩ〕　　(6) $0.005\,\text{V} = (\quad)$〔mV〕

(7) $23\,000\,\text{A} = 2.3\times 10^{(\quad)}$〔A〕　　(8) $3.2\times 10^5\,\text{V} = (\quad)$〔kV〕

(9) $2.5\,\text{M}\Omega = 2.5\times 10^{(\quad)}$〔Ω〕　　(10) $0.3\,\text{A} = 3\times 10^{(\quad)}$〔A〕

◆◆◆◆◆ ステップ 2 ◆◆◆◆◆

例題 1

導線中を1Aの電流が流れているとき，1秒間に導線のある断面を移動した自由電子の数を求めなさい。ただし，電子1個の電荷は1.6×10^{-19}Cとする。

解答

n個の電子が集まったときの電荷は $Q = 1.6\times 10^{-19}\times n$ となる。

また，$I = \dfrac{Q}{t}$ から

$$Q = It \quad 1.6\times 10^{-19}\times n = It$$

$$\therefore\ n = \frac{It}{1.6\times 10^{-19}} = \frac{1\times 1}{1.6\times 10^{-19}} = 6.25\times 10^{18}\ \text{個}$$

4　　1. 直 流 回 路

□ **1**　5秒間に15Cの電荷が移動したときの電流 I〔A〕を求めなさい。

ヒント！
$I = \dfrac{Q}{t}$

答　$I =$ _____

□ **2**　導線に5mAの電流が流れている。このとき，導線のある断面を0.2Cの電荷が移動するのにかかる時間 t〔s〕を求めなさい。

ヒント！
$t = \dfrac{Q}{I}$

答　$t =$ _____

□ **3**　導線に2Aの電流が流れている。導線のある断面を10秒間に移動した電荷 Q〔C〕を求めなさい。また，そのときの自由電子の数を求めなさい。

ヒント！
$Q = It$
$n = \dfrac{Q}{1.6 \times 10^{-19}}$

答　$Q =$ _____

電子の数 = _____

□ **4**　図1.1のように電源が接続されているとき，つぎの問に答えなさい。

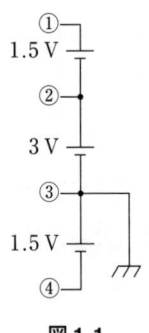

図1.1

（1）各端子の電位 V_1, V_2, V_3, V_4〔V〕を求めなさい。

答　① $V_1 =$ _____　② $V_2 =$ _____
　　③ $V_3 =$ _____　④ $V_4 =$ _____

(2) ①-③間,①-④間および②-④間の電位差 V_{13}, V_{14}, V_{24}〔V〕を求めなさい。

答 $V_{13}=$ ＿＿＿＿＿＿＿＿

$V_{14}=$ ＿＿＿＿＿＿＿＿

$V_{24}=$ ＿＿＿＿＿＿＿＿

■**5** 50Ωの抵抗の両端につぎのような電圧を加えたとき,抵抗 R に流れる電流 I〔A〕を求めなさい。

(1) 5V　(2) 1V　(3) 100V　(4) 2 000V

ヒント！
オームの法則
$I=\dfrac{V}{R}$

答 (1) $I_1=$ ＿＿＿＿＿　(2) $I_2=$ ＿＿＿＿＿

(3) $I_3=$ ＿＿＿＿＿　(4) $I_4=$ ＿＿＿＿＿

■**6** ある抵抗 R の両端に 10V の電圧を加えたとき,つぎのような電流が流れた。抵抗 R〔Ω〕を求めなさい。

(1) 50μA　(2) 20mA　(3) 5A　(4) 40A

ヒント！
オームの法則
$R=\dfrac{V}{I}$

答 (1) $R_1=$ ＿＿＿＿＿　(2) $R_2=$ ＿＿＿＿＿

(3) $R_3=$ ＿＿＿＿＿　(4) $R_4=$ ＿＿＿＿＿

■**7** 125Ωの抵抗につぎのような電流が流れたとき,抵抗の両端に加えた電圧 V〔V〕を求めなさい。

(1) 80μA　(2) 50mA　(3) 1.2A　(4) 20A

ヒント！
オームの法則
$V=RI$

答 (1) $V_1=$ ＿＿＿＿＿　(2) $V_2=$ ＿＿＿＿＿

(3) $V_3=$ ＿＿＿＿＿　(4) $V_4=$ ＿＿＿＿＿

ステップ 3

1 図1.2において，$V_0 = 30$ V，$R_1 = 500\,\Omega$，$R_2 = 750\,\Omega$，$R_3 = 250\,\Omega$ とする。$I = 20$ mA が流れたとき，つぎの問に答えなさい。

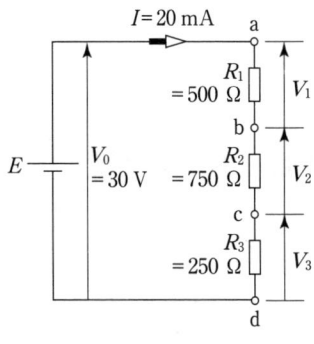

図1.2

（1） a-b 間の電圧降下 V_1〔V〕を求めなさい。

答 $V_1 =$ ＿＿＿＿＿＿＿

（2） b-c 間の電圧降下 V_2〔V〕を求めなさい。

答 $V_2 =$ ＿＿＿＿＿＿＿

（3） c-d 間の電圧降下 V_3〔V〕を求めなさい。

答 $V_3 =$ ＿＿＿＿＿＿＿

1.2 抵抗の接続

> **トレーニングのポイント**
>
> ① **抵抗の接続**　直列接続，並列接続，直並列接続がある。
> ② **合成抵抗**　抵抗がいくつか接続されているとき，抵抗をひとまとめにして，同じ働きをする一つの抵抗として置き換えたものを合成抵抗という。
>   （1）　直列回路の合成抵抗は，各抵抗の和に等しい。
>   （2）　並列回路の合成抵抗は，各抵抗の逆数の和の逆数に等しい。
> ③ **コンダクタンス**　抵抗 R〔Ω〕の逆数で，量記号は G，単位はジーメンス〔S〕。

◆◆◆◆◆ ステップ 1 ◆◆◆◆◆

□ **1**　つぎの（　）に適切な語句や記号を入れなさい。
　（1）　直列回路の合成抵抗は接続した各抵抗の（　）①に等しく，各抵抗に加わる電圧の比は（　）②の比に等しい。
　（2）　並列回路の合成抵抗は接続した各抵抗の（　）①の和の（　）②に等しく，各抵抗に流れる電流の比は（　）③の比に等しい。
　（3）　抵抗 R〔Ω〕の（　）①をコンダクタンスという。量記号に（　）②，単位には（　）③が使われ，単位記号に（　）④を用いる。

◆◆◆◆◆ ステップ 2 ◆◆◆◆◆

例題 2

図 **1.3** において，$R_1 = 10\,Ω$，$R_2 = 40\,Ω$，$V_0 = 100\,V$ である。つぎの問に答えなさい。
（1）　この回路の合成抵抗 R_0〔Ω〕を求めなさい。
（2）　回路全体を流れる電流 I_0〔A〕を求めなさい。
（3）　各抵抗の電圧降下 V_1，V_2〔V〕を求めなさい。

解答
（1）　$R_0 = R_1 + R_2 = 10 + 40 = 50\,Ω$
（2）　$I_0 = \dfrac{V_0}{R_0} = \dfrac{100}{50} = 2\,A$
（3）　$V_1 = R_1 I_0 = 10 \times 2 = 20\,V$，　$V_2 = R_2 I_0 = 40 \times 2 = 80\,V$

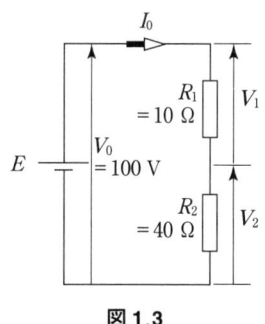

図 **1.3**

1. 直流回路

1 10 Ω, 20 Ω, 30 Ω の抵抗を直列に接続したときの合成抵抗 R_0 〔Ω〕を求めなさい。

答 $R_0 = $ _____

2 1 kΩ, 800 Ω, 3 kΩ の抵抗を直列に接続したときの合成抵抗 R_0 〔Ω〕を求めなさい。

答 $R_0 = $ _____

3 図 1.4 において, $R_1 = 3$ Ω, $R_2 = 15$ Ω, $V_0 = 36$ V である。I_0 〔A〕, V_1 〔V〕, V_2 〔V〕を求めなさい。

ヒント！
$E = V_1 + V_2$
$V_1 = R_1 I_0$

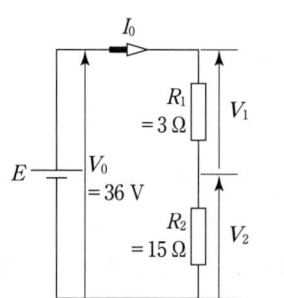

図 1.4

答 $I_0 = $ _____ $V_1 = $ _____ $V_2 = $ _____

―――― 例題 3 ――――

図 1.5 において, $R_1 = 8$ Ω, $R_2 = 12$ Ω, $V_0 = 48$ V である。つぎの問に答えなさい。

(1) この回路の合成抵抗 R_0 〔Ω〕を求めなさい。
(2) 回路を流れる電流 I_1, I_2, I_0 〔A〕を求めなさい。

【解答】

(1) $R_0 = \dfrac{R_1 R_2}{R_1 + R_2} = \dfrac{8 \times 12}{8 + 12} = 4.8$ Ω

(2) $I_1 = \dfrac{V_0}{R_1} = \dfrac{48}{8} = 6$ A, $I_2 = \dfrac{V_0}{R_2} = \dfrac{48}{12} = 4$ A

$I_0 = I_1 + I_2 = 6 + 4 = 10$ A

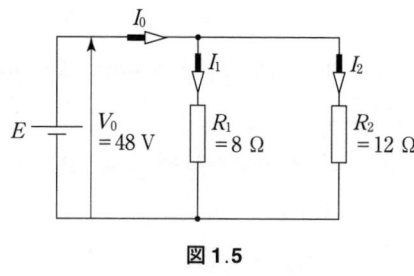

図 1.5

4 20 Ω, 30 Ω の抵抗を並列に接続したときの合成抵抗 R_0 〔Ω〕を求めなさい。

答 $R_0 = $ _____

□ **5** 図1.6において，$R_1 = 6\,\Omega$，$R_2 = 4\,\Omega$，$V_0 = 24\,\mathrm{V}$ である．つぎの問に答えなさい．

ヒント！
並列回路の抵抗の電圧降下は V_0

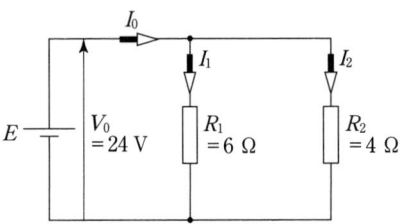

図1.6

（1）この回路の合成抵抗 $R_0\,[\Omega]$ を求めなさい．
（2）回路を流れる電流 I_1, I_2, $I_0\,[\mathrm{A}]$ を求めなさい．

[答]（1）$R_0 =$ _____
（2）$I_1 =$ _____ $I_2 =$ _____
$I_0 =$ _____

◆◆◆◆◆ ステップ 3 ◆◆◆◆◆

□ **1** 図1.7の回路において，a–b間の合成抵抗 $R_0\,[\Omega]$ を求めなさい．

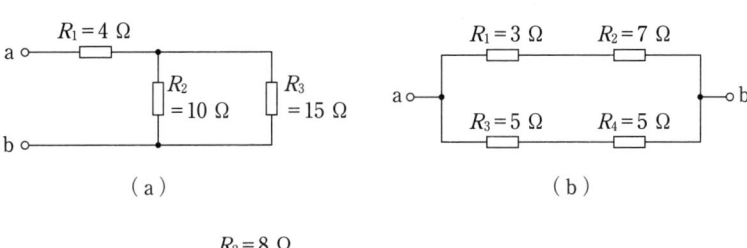
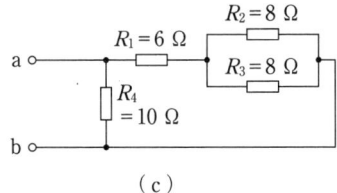
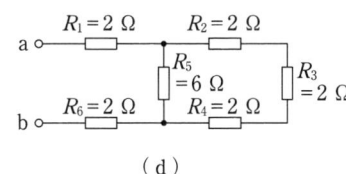

図1.7

[答]（a）$R_0 =$ _____ （b）$R_0 =$ _____
（c）$R_0 =$ _____ （d）$R_0 =$ _____

1. 直流回路

❷ 180 Ωの抵抗が15個ある。すべて直列に接続したときの合成抵抗 R_{01}〔Ω〕とすべて並列に接続したときの合成抵抗 R_{02}〔Ω〕を求めなさい。

答 R_{01} = ＿＿＿＿＿＿＿＿

R_{02} = ＿＿＿＿＿＿＿＿

❸ 図1.8において，$R_1 = 20\ \Omega$，$V_2 = 75\ \text{V}$，$V_0 = 135\ \text{V}$ である。つぎの問に答えなさい。

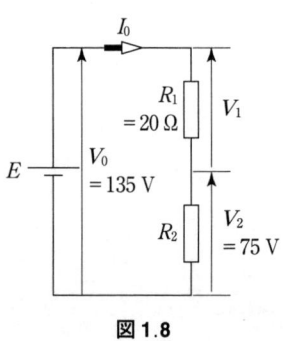

図1.8

(1) 抵抗 R_1 の電圧降下 V_1〔V〕を求めなさい。

ヒント!
$V_0 = V_1 + V_2$
$I_0 = \dfrac{V_1}{R_1}$
$R_2 = \dfrac{V_2}{I_0}$

答 V_1 = ＿＿＿＿＿＿＿＿

(2) 回路を流れる電流 I_0〔A〕を求めなさい。

答 I_0 = ＿＿＿＿＿＿＿＿

(3) R_2 および合成抵抗 R_0〔Ω〕を求めなさい。

答 R_2 = ＿＿＿＿＿＿＿＿

R_0 = ＿＿＿＿＿＿＿＿

□ **4** 図 1.9 において，$R_1 = 100\,\Omega$，$V_0 = 100\,\mathrm{V}$，合成抵抗 $R_0 = 80\,\Omega$ である。つぎの問に答えなさい。

ヒント！
$$\frac{1}{R_0} = \frac{1}{R_1} + \frac{1}{R_2}$$
$$I_1 = \frac{V_0}{R_1}$$
$$I_0 = I_1 + I_2$$

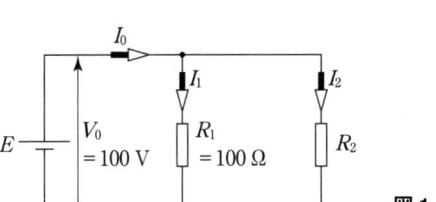

図 1.9

（1） $R_2\,[\Omega]$ を求めなさい。

答 $R_2 =$ _____

（2） I_1，I_2，$I_0\,[\mathrm{A}]$ を求めなさい。

答 $I_1 =$ _____
$I_2 =$ _____
$I_0 =$ _____

□ **5** 図 1.10 において，$R_1 = 12\,\Omega$，$R_2 = 24\,\Omega$，$R_3 = 32\,\Omega$，$V_0 = 60\,\mathrm{V}$ である。つぎの問に答えなさい。

ヒント！
$$R_{12} = \frac{R_1 R_2}{R_1 + R_2}$$
$$R_0 = R_{12} + R_3$$
$$I_0 = \frac{V_0}{R_0}$$
$$V_{12} = R_{12} I_0$$

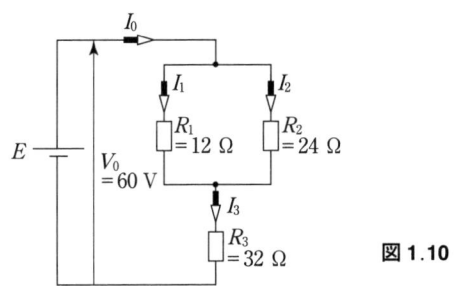

図 1.10

（1） 合成抵抗 $R_0\,[\Omega]$ を求めなさい。

答 $R_0 =$ _____

（2） R_2 の電圧降下 $V_{12}\,[\mathrm{V}]$ を求めなさい。

答 $V_{12} =$ _____

1. 直流回路

6 図 1.11 において，$R_1 = 40\,\Omega$，$R_2 = 40\,\Omega$，$R_3 = 20\,\Omega$，$R_4 = 40\,\Omega$ のとき，$V_4 = 20\,\text{V}$ である。つぎの問に答えなさい。

ヒント!
$I_3 = \dfrac{V_4}{R_4}$
$V_2 = (R_3 + R_4)I_3$
$I_2 = \dfrac{V_2}{R_2}$
$V_0 = R_1 I_0 + V_2$

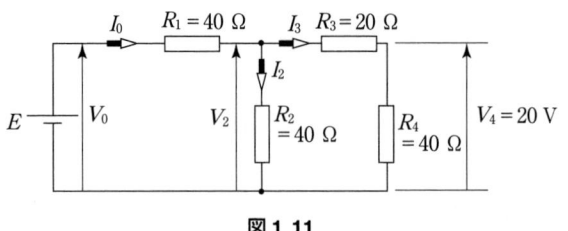

図 1.11

(1) I_3〔A〕を求めなさい。

答 $I_3 =$ _____

(2) V_2〔V〕を求めなさい。

答 $V_2 =$ _____

(3) I_2，I_0〔A〕を求めなさい。

答 $I_2 =$ _____
$I_0 =$ _____

(4) V_0〔V〕を求めなさい。

答 $V_0 =$ _____

1.3 直流回路の計算

> **トレーニングのポイント**
>
> ① **ブリッジ回路** 図1.12のように，R_1, R_2, R_3, R_4 の並列回路の中点に橋渡しがされている回路をブリッジ回路という。この回路において検流計の振れが零のとき，ブリッジ回路が平衡したという。このとき
>
> $$R_1 R_4 = R_2 R_3$$
>
> が成り立つ。
>
>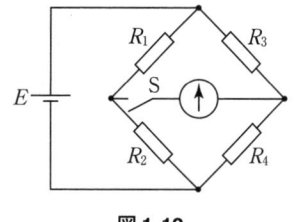
>
> 図1.12
>
> ② **キルヒホッフの法則**
> （**1**）**第1法則** 回路網の任意の接続点において，流入する電流の和と流出する電流の和は等しい。
> （**2**）**第2法則** 回路網中の任意の閉回路を一巡するとき，回路各部の起電力の総和と電圧降下の総和は等しい。

◆◆◆◆◆ ステップ 1 ◆◆◆◆◆

1 つぎの（　）に適切な語句や記号を入れなさい。

（1）最大目盛 V_v〔V〕，内部抵抗 r_v〔Ω〕の電圧計がある。この電圧計の測定範囲を V〔V〕$\left(m 倍=\dfrac{(\quad)^{①}}{(\quad)^{②}}\right)$ に拡大するには，$R_m =$（　）③ r_v〔Ω〕の（　）④器を（　）⑤に接続する。

（2）最大目盛 I_a〔A〕，内部抵抗 r_a〔Ω〕の電流計がある。この電流計の測定範囲を I〔A〕$\left(m 倍=\dfrac{(\quad)^{①}}{(\quad)^{②}}\right)$ に拡大するには，$R_s =$（　）③ r_a〔Ω〕の（　）④器を（　）⑤に接続する。

（3）図1.13において，可変抵抗 R_3 を加減して，スイッチ S を閉じても検流計が振れなかったとき，a–b 間の電位差が（　）①となる。このような状態を「ブリッジ回路は（　）②している」という。

　　$V_{ca} = V_{cb}$ から $V_1 = V_3$
　　（　）③ $I_1 =$（　）④ $I_2 \cdots$ ①
　　$V_{ad} = V_{bd}$ から $V_2 = V_4$

14   1. 直 流 回 路

$$(\quad)^{⑤} I_1 = (\quad)^{⑥} I_2 \cdots ②$$

式①を式②で割ると

$$\frac{(\quad)^{⑦} I_1}{(\quad)^{⑧} I_1} = \frac{(\quad)^{⑨} I_2}{(\quad)^{⑩} I_2}$$

$$\frac{(\quad)^{⑪}}{(\quad)^{⑫}} = \frac{(\quad)^{⑬}}{(\quad)^{⑭}}$$

したがって，$R_1 R_4 = R_2 R_3$ となる。

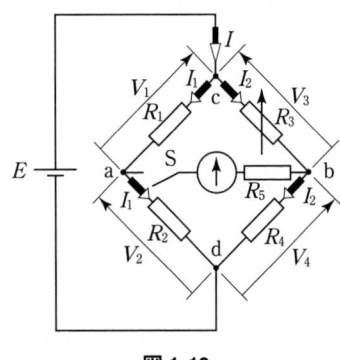

図 1.13

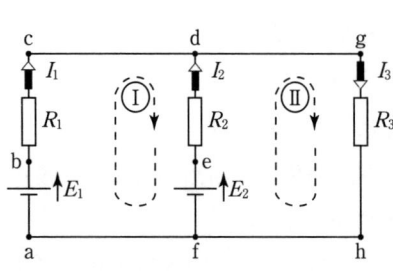

図 1.14

（4） 図 1.14 において，キルヒホッフの（　　）①法則を使い，点 d において

$$I_3 = (\quad)^{②} + (\quad)^{③}$$

キルヒホッフの（　　）④法則を使い，閉回路Ⅰにおいて

$$(\quad)^{⑤} I_1 + (\quad)^{⑥} I_2 = E_1 (\quad)^{⑦} E_2$$

閉回路Ⅱにおいて

$$(\quad)^{⑧} I_2 + (\quad)^{⑨} I_3 = (\quad)^{⑩}$$

□ **2**　図 1.15 において，I_1, I_2, I_3 〔A〕を求めなさい。

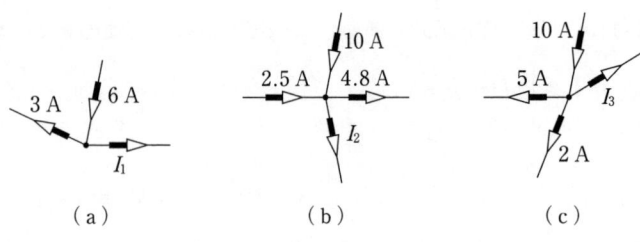

(a)　　　　　　(b)　　　　　　(c)

図 1.15

答　$I_1 =$ _____　$I_2 =$ _____　$I_3 =$ _____

ステップ 2

□ **1** 直流電源に最大目盛 V_v が 100 V，内部抵抗 r_v が 100 kΩ の電圧計と直列抵抗器 R_m 〔Ω〕を直列接続した。つぎの問に答えなさい。

ヒント！
$m = \dfrac{V}{V_v}$
$R_m = (m-1)r_v$

（1） 500 V 用の電圧計にするための直列抵抗器の倍率 m および直列抵抗器 R_m 〔Ω〕を求めなさい。

答 $m =$ _____
　　$R_m =$ _____

（2） 直列抵抗器 R_m が 300 kΩ であるとき，電源電圧に 200 V 加えた。このときの電圧計の指示 V_v 〔V〕を求めなさい。

ヒント！
$m = \dfrac{R_m}{r_v} + 1$
$V_v = \dfrac{V}{m}$

答 $V_v =$ _____

□ **2** 最大目盛 I_a が 5 A，内部抵抗 r_a が 9 Ω の電流計に分流器 R_s 〔Ω〕を並列に接続し，20 A 用の電流計を作った。分流器の倍率 m，分流器 R_s 〔Ω〕を求めなさい。

ヒント！
$m = \dfrac{I}{I_a}$
$R_s = \dfrac{r_a}{m-1}$

答 $m =$ _____
　　$R_s =$ _____

□ **3** 図 **1.16** において，スイッチ S を閉じても検流計が振れなかったとき，R_4 〔Ω〕を求めなさい。

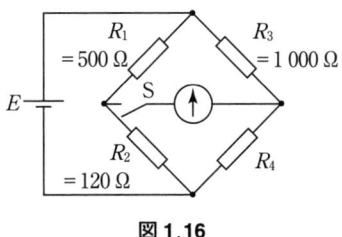

図 1.16

答 $R_4 =$ _____

16　1. 直 流 回 路

□ **4** 図 1.17 において，I_1, I_2, I_5, I_0〔A〕および回路全体の合成抵抗 R_0〔Ω〕を求めなさい。

ヒント！
ブリッジ回路となっている。
回路が平衡していれば，$I_5=0$ となる。

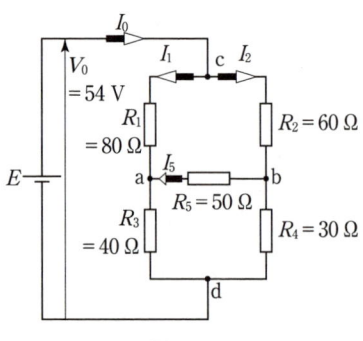

図 1.17

〔答〕　$I_1=$ _____　$I_2=$ _____　$I_5=$ _____

　　　$I_0=$ _____　$R_0=$ _____

□ **5** 図 1.18 において，つぎの問に答えなさい。

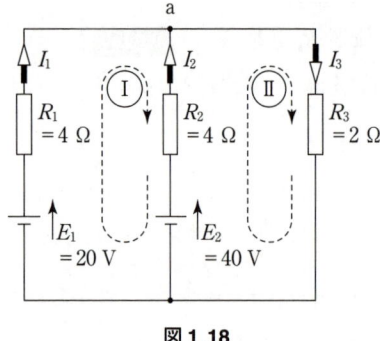

図 1.18

（1）キルヒホッフの第1法則を用いて，接続点 a の関係式を求めなさい。

〔答〕 _____

（2）キルヒホッフの第2法則を用いて，閉回路 I の関係式を求めなさい。

〔答〕 _____

(3) キルヒホッフの第2法則を用いて，閉回路Ⅱの関係式を求めなさい。

答 _____

(4) I_1, I_2, I_3〔A〕を求めなさい。

答 $I_1 =$ _____ $I_2 =$ _____ $I_3 =$ _____

◆◆◆◆◆ ステップ 3 ◆◆◆◆◆

□❶ 図 1.19 において，I_1, I_2, I_3〔A〕を求めなさい。

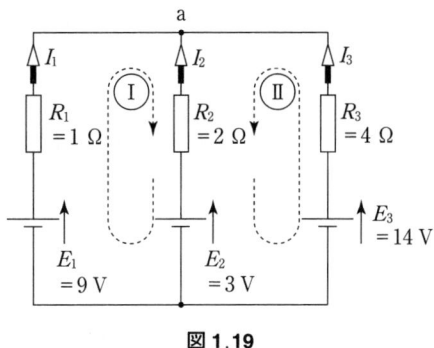

図 1.19

答 $I_1 =$ _____
　　$I_2 =$ _____
　　$I_3 =$ _____

□❷ 図 1.20 において，I_1, I_2, I_3〔A〕を求めなさい。

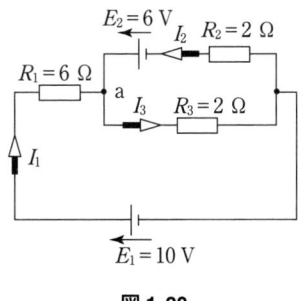

図 1.20

答 $I_1 =$ _____
　　$I_2 =$ _____
　　$I_3 =$ _____

1.4 導体の抵抗

トレーニングのポイント

① **抵抗率**　電流の流れにくさを表しており，長さ1m，断面積1m²の導体の抵抗値をいう。ρ〔Ω·m〕で表す。

② **導体の抵抗**　抵抗率ρ〔Ω·m〕，長さl〔m〕，断面積A〔m²〕の導体の抵抗R〔Ω〕は

$$R = \rho \frac{l}{A} \text{〔Ω〕}$$

③ **導電率**　電流の流れやすさを表しており，長さ1m，断面積1m²の導体のコンダクタンスをいい，σ〔S/m〕で表す。抵抗率の逆数である。

$$\sigma = \frac{1}{\rho} \text{〔S/m〕}$$

④ **抵抗温度係数**　温度が1℃上昇するごとに抵抗が変化する割合をいい，記号α〔℃⁻¹〕で表す。t〔℃〕のときの導体の抵抗がR_t〔Ω〕であり，その抵抗温度係数α_tがわかれば，T〔℃〕になったときR_T〔Ω〕は

$$R_T = R_t\{1 + \alpha_t(T-t)\} \text{〔Ω〕}$$

◆◆◆◆◆ ステップ 1 ◆◆◆◆◆

□ **1** つぎの（　）に適切な語句や記号を入れなさい。

（1）導体の抵抗は，長さに（　　）①し，断面積に（　　）②する。また，抵抗は，物質によって，その値が異なる。長さ1m，断面積1m²の導体の抵抗値を（　　）③といい，単位に（　　）④，単位記号に（　　）⑤を用いる。

（2）電流の流れやすさを表したもので，抵抗率の逆数を（　　）①という。

□ **2** 表1.2のカラーコード表を完成させなさい。

表1.2

	銀色	金色	黒	茶色	赤	黄赤	黄	緑	青	紫	灰色	白
有効数字	—	—	①	②	③	④	⑤	⑥	⑦	⑧	⑨	⑩
10のべき乗	①	②	③	④	⑤	⑥	⑦	⑧	⑨	⑩	⑪	⑫

1.4 導体の抵抗

◇◇◇◇◇ **ステップ 2** ◇◇◇◇◇

□ **1** 抵抗率が $1.75 \times 10^{-2}\,\Omega\cdot\mathrm{mm}^2/\mathrm{m}$，断面積が $0.5\,\mathrm{mm}^2$，長さが $2\,\mathrm{m}$ の軟銅線の抵抗 $R\,[\Omega]$ を求めなさい。

ヒント!
$R = \rho\dfrac{l}{A}$
$A\,[\mathrm{mm}^2]$ で計算するときの ρ の単位は $\Omega\cdot\mathrm{mm}^2/\mathrm{m}$

答 $R =$ _____

□ **2** 直径 $0.5\,\mathrm{mm}$ の導体について，つぎの問に答えなさい。
（1）長さ $5\,\mathrm{m}$ の導体の抵抗値が $1.5\,\Omega$ のとき，抵抗率 $\rho\,[\Omega\cdot\mathrm{m}]$ を求めなさい。

ヒント!
（1）
$\rho = \dfrac{RA}{l}$
（2）
$l = \dfrac{RA}{\rho}$

答 $\rho =$ _____

（2）この導体を使って，$8\,\Omega$ の抵抗を作るのに必要な長さ $l\,[\mathrm{m}]$ を求めなさい。

答 $l =$ _____

□ **3** つぎの電線のパーセント導電率 $\dfrac{\sigma}{\sigma_s} \times 100$ を求めなさい。
（1）$\rho = 9.8 \times 10^{-8}\,\Omega\cdot\mathrm{m}$ の鉄線
（2）$\rho = 2.83 \times 10^{-8}\,\Omega\cdot\mathrm{m}$ のアルミ線
（3）$\rho = 1.80 \times 10^{-8}\,\Omega\cdot\mathrm{m}$ の硬線
（4）$\rho = 1.75 \times 10^{-8}\,\Omega\cdot\mathrm{m}$ の軟銅線

答 （1）_____ （2）_____
　　（3）_____ （4）_____

ヒント!
パーセント導電率とは，国際標準銅の導電率 $\sigma_s = 5.8 \times 10^7\,\mathrm{S/m}$ を基準にして，ある導体の導電率 σ との比を百分率で表したものである。
ただし，本問では導電率の逆数である抵抗率 ρ が与えられている。抵抗率からパーセント導電率を求めるには，国際標準銅の抵抗率 ρ_s を使って
$\dfrac{\sigma}{\sigma_s} \times 100 = \dfrac{\rho_s}{\rho} \times 100$
$\rho_s = 1/\sigma_s$
$\quad = 1.72 \times 10^{-8}\,\Omega\cdot\mathrm{m}$

1. 直流回路

□ **4** 20℃において10Ωの軟銅線がある。60℃のときの抵抗値 R_{60} 〔Ω〕を求めなさい。ただし、20℃における抵抗温度係数は 0.0039 ℃$^{-1}$ とする。

ヒント!
T〔℃〕のときの抵抗 R_{60}〔Ω〕は
$R_{60} = R_{20}\{1+\alpha_{20}(T-t)\}$

答 $R_{60} =$ _____

◆◆◆◆◆ ステップ 3 ◆◆◆◆◆

□ **1** ある導体の抵抗について、つぎの問に答えなさい。

(1) 断面積を2倍にし、長さを $\frac{1}{2}$ 倍にしたときの抵抗値は、もとの抵抗値の何倍かを求めなさい。

ヒント!
$R = \rho \dfrac{l}{A}$ から
(1)
$A \to 2A$
$l \to \dfrac{1}{2}l$
(2)
$A = \pi\left(\dfrac{D}{2}\right)^2$

答 _____

(2) 長さを2倍にし、直径を $\frac{1}{2}$ 倍にしたときの抵抗値は、もとの抵抗値の何倍かを求めなさい。

答 _____

□ **2** ある導線の抵抗を測ったら、20℃では5 250Ω、30℃では5 460Ωであった。つぎの問に答えなさい。

(1) この導体の20℃のときの抵抗温度係数 α_{20}〔℃$^{-1}$〕を求めなさい。

答 $\alpha_{20} =$ _____

(2) この導体の50℃のときの抵抗 R_{50}〔Ω〕を求めなさい。

答 $R_{50} =$ _____

1.5 電流の作用

トレーニングのポイント

① **電力**　電気エネルギーが1秒あたりにする仕事量をいう。

$$P = VI = \frac{V^2}{R} = RI^2 \text{ [W]}$$

② **電力量**　電力をある時間加えたときの電気エネルギーの総量をいう。

$$W = Pt = VIt = \frac{V^2}{R}t = RI^2 t \text{ [W·s]}$$

③ **ジュールの法則**　抵抗を流れる電流によって発生する熱量は，抵抗と電流の2乗の積に比例する。

$$H = RI^2 t \text{ [J]}$$

④ **ファラデーの法則**　電気分解によって電極に析出する物質の量 W [g] は，電解液中に流れた電気量 $Q = It$ [C] に比例する。I [A] の電流が t 秒間流れたとすれば，この物質の原子量を M，イオン価数を n としたとき

$$W = \frac{1}{96\,500} \times \frac{M}{n} Q \text{ [g]}$$

◆◆◆◆◆ ステップ 1 ◆◆◆◆◆

□ **1** つぎの（　）に適切な語句や記号，数値を入れなさい。

(1) 単位時間（1秒間）あたりの電気エネルギーを（　　）①という。電圧 V [V] で電流 I [A] が流れたときの電力は $P =$ （　　）② [W] で表される。

(2) 電力をある時間加えたときの電気エネルギーの総量を（　　）①という。電圧 V [V] で電流 I [A] が t 秒間流れたときの電力量は $W =$ （　　）② [W·s] で表される。

(3) 導体に流れる電流によって生じる熱量は，（　　）①の2乗と導体の（　　）②および電流が流れた（　　）③に比例する。これを（　　）④の法則といい，生じた熱を（　　）⑤という。

(4) 電力量 W の単位には，一般的に（　　）①や（　　）②などが用いられる。また，1 W·h ＝（　　）③ W·s ＝（　　）④ kJ である。

ステップ 2

例題 4

電圧を 100 V 加えると，電流が 5 A 流れる電熱器がある。つぎの問に答えなさい。

(1) 消費電力 P 〔W〕を求めなさい。

(2) この電熱器を 4 時間使用したとき，電力量 W 〔kW·h〕を求めなさい。また，熱量 H 〔MJ〕を求めなさい。

解答

(1) $P = VI = 100 \times 5 = 500$ W

(2) $W = Pt = 500 \times 4 = 2\,000$ W·h $= 2$ kW·h

1 kW·h $= 3.6 \times 10^3$ kJ $= 3.6$ MJ から

$H = 2$ kW·h $= 7.2$ MJ

---

1 100 V，400 W の電熱器を 3 時間使用したとき，電力量 W 〔kW·h〕および発生した熱量 H 〔MJ〕を求めなさい。

答 $W =$ _____

$H =$ _____

2 20 Ω の抵抗に 5 A の電流を流したとき，つぎの問に答えなさい。

(1) 消費電力 P 〔W〕を求めなさい。

答 $P =$ _____

(2) 5 時間使用したとき，発生する熱量 H 〔MJ〕を求めなさい。

答 $H =$ _____

3 硫酸銅水溶液に 10 A の電流を 30 分間流したとき，電極に析出される銅の量 W 〔g〕を求めなさい。ただし，銅の原子量は 63.5，イオン価は 2 とする。

答 $W =$ _____

1.5 電流の作用

◆◆◆◆◆ ステップ 3 ◆◆◆◆◆

例題 5

20 ℃の水 300 L を 40 ℃に温めるのに消費電力 P が 4 kW の電熱器を使用した。使用した時間 t を求めなさい。ただし，電熱器の効率 η を 90 %，1 cm³ の水を 1 ℃上昇させるのに，4.2 J の熱量が必要であるとする。

解答

① 300 L の水を 20 ℃から 40 ℃に上昇させるのに必要な熱量 H は

$$H = 4.2 \times 300 \times 10^3 \times (40-20) = 2.52 \times 10^7 \text{ J} = 25.2 \text{ MJ}$$

② t 秒間使用したときの電熱器が発生する熱量 H' は

$$H' = Pt \text{ 〔J〕}$$

このうち，効率分だけが水の温度上昇に使われる。有効な熱量 H'' は

$$H'' = Pt\eta = 4 \times 10^3 \times t \times 0.9 = 3.6\,t \times 10^3 \text{ 〔J〕} = 3.6\,t \text{ 〔kJ〕}$$

③ $H'' = H$ から

$$3.6\,t \times 10^3 = 2.52 \times 10^7$$

$$\therefore\; t = \frac{2.52 \times 10^7}{3.6 \times 10^3} = 7\,000 \text{ 秒} = 1 \text{ 時間 } 56 \text{ 分 } 40 \text{ 秒}$$

□ **1** 10 ℃の水 2 L を 80 ℃に温めるのに消費電力 800 W の電熱器を使用した。使用した時間 t を求めなさい。ただし，電熱器の効率 η を 70 %，1 cm³ の水を 1 ℃上昇させるのに，4.2 J の熱量が必要であるとする。

答 $t = $ _____

□ **2** 硝酸銀水溶液中に 15 A の電流を流したとき，16.2 g の銀が析出する時間 t を求めなさい。ただし，銀の原子量は 108，イオン価は 1 とする。

答 $t = $ _____

1.6 電池

> **トレーニングのポイント**
>
> ① **電池の内部抵抗** 電池に電流が流れると，端子電圧が降下する。これは電池内部の電解液に生じる抵抗のためで，これを等価的な抵抗とみなし，電池の内部抵抗と呼ぶ。
>
> ② **電池の種類**
>   （1）**一次電池** 放電すると化学物質が消耗し，一度限りで再使用が不可能な電池。
>   （2）**二次電池** 放電しても充電すれば蓄電し，何度でも繰り返し使用ができる電池。
>   （3）**燃料電池** 水素と酸素を化学反応させ，電気を作り出すことができる。環境にも優しい。
>   （4）**太陽電池** 太陽の光エネルギーを電気エネルギーに変換する半導体素子。
>
> ③ **ゼーベック効果** 異種の金属の接合点に温度差を与えると起電力（熱起電力）が生じる現象。
>
> ④ **ペルチエ効果** 異種の金属の接合点に電流を流すと，接合点に発熱または熱吸収が生じる現象。

◆◆◆◆◆ ステップ 1 ◆◆◆◆◆

1 つぎの（　）に適切な語句を入れなさい。

（1）電池は，化学反応などによって発生したエネルギーを（　　）①エネルギーに変える装置である。電池から電流を取り出すことを（　　）②といい，逆に電流を流し込むことを（　　）③という。

（2）電池には，一度放電すると再生しない（　　）①と，放電しても，充電することにより再生できる（　　）②がある。そのほか，水素と酸素を化学反応させ，電気化学的に直接電気エネルギーを取り出す（　　）③や，太陽光エネルギーを電気エネルギーに変換する（　　）④がある。

（3）種類の異なる二つの金属を接合したものを（　　）①という。①の一方を加熱して接合点に温度差を生じさせると，そこに（　　）②が生じ電流が流れる。この現象を（　　）③または（　　）④という。

（4）2種類の金属の接合点に電流を流すと，電流の流れる向きによって接続点で（　　）①や（　　）②が起こる。このような現象を（　　）③という。

1.6 電池

□ **2** つぎの電池を一次電池，二次電池に分けなさい。
① アルカリ乾電池　　　　　（　　　）電池
② マンガン乾電池　　　　　（　　　）電池
③ リチウム電池　　　　　　（　　　）電池
④ 酸化銀電池　　　　　　　（　　　）電池
⑤ アルカリ蓄電池　　　　　（　　　）電池
⑥ リチウムイオン電池　　　（　　　）電池
⑦ NAS電池　　　　　　　　（　　　）電池
⑧ 空気亜鉛電池　　　　　　（　　　）電池
⑨ ニッケル水素電池　　　　（　　　）電池
⑩ ニッケル・カドミウム電池（　　　）電池

◇◆◇◆◇◆ **ステップ 2** ◆◇◆◇◆◇

□ **1** 起電力が2.2V，内部抵抗が0.1Ωの電池に負荷抵抗を接続した回路がある。つぎの問に答えなさい。

(1) 負荷抵抗に1.1Aの電流が流れたとき，負荷抵抗の抵抗値 R〔Ω〕を求めなさい。

答 $R=$ _____

(2) 負荷抵抗の抵抗値が1Ωであったとき，負荷抵抗に流れる電流 I〔A〕および端子電圧 V〔V〕を求めなさい。

答 $I=$ _____
　$V=$ _____

2 電流と磁気

2.1 磁界

トレーニングのポイント

① **磁気に関するクーロンの法則**　r〔m〕離れた二つの磁極の強さ m_1, m_2〔Wb〕間に働く磁力の大きさ F〔N〕は（μ：透磁率〔H/m〕, $\mu_0 = 4\pi \times 10^{-7}$〔H/m〕）

$$F = \frac{1}{4\pi\mu} \cdot \frac{m_1 m_2}{r^2} \text{〔N〕} \quad \text{（真空中）} \quad F = \frac{1}{4\pi\mu_0} \cdot \frac{m_1 m_2}{r^2} = 6.33 \times 10^4 \times \frac{m_1 m_2}{r^2} \text{〔N〕}$$

② **磁界の大きさ**　m〔Wb〕の磁極から r〔m〕離れた点の磁界の大きさ H〔A/m〕は

$$H = \frac{1}{4\pi\mu} \cdot \frac{m}{r^2} \text{〔A/m〕} \quad \text{（真空中）} \quad H = 6.33 \times 10^4 \times \frac{m}{r^2} \text{〔A/m〕}$$

H〔A/m〕の磁界中に置かれた m〔Wb〕の磁極に働く磁力 F〔N〕は

$$F = mH \text{〔N〕}$$

③ **磁束密度 B〔T〕, および磁界の大きさ H〔A/m〕との関係**　面積 A〔m²〕を垂直に通る磁束が Φ〔Wb〕のとき, 磁束密度 B〔T〕は

$$B = \frac{\Phi}{A} \text{〔T〕}, \quad B = \mu H \text{〔T〕}$$

ステップ 1

□ **1** つぎの文の（　）に適切な語句や記号を入れなさい。

(1) 磁力線はつぎの性質を持つものとする。

磁力線はN極から出て（　）①に入る。m〔Wb〕の磁極から（　）②本の磁力線が出入りする。

磁力線は途中で分岐したり, 消えたりしない。磁力線どうしはたがいに（　）③し合い, 交わることはない。

磁力線の接線の向きが, その点の磁界の（　）④を表す。

磁力線の密度は, その点の磁界の（　）⑤を表す。

(2) 二つの磁極の間に働く磁力の大きさは, 両磁極の強さの（　）①し, 両磁極間の距離の（　）②する。これを磁気に関する（　）③という。磁極の強さを表すのに, 量記号として（　）④, 単位に（　）⑤, 単位記号に（　）⑥を用いる。

(3) m〔Wb〕の磁極からは，m 本の仮想の線が出るものと考え，これを（　　　）①という．また，磁界中で，①と垂直な $1\,\mathrm{m}^2$ の面を通る①の量を（　　　）②といい，量記号に（　　　）③，単位に（　　　）④，単位記号に（　　　）⑤を用いる．

◆◆◆◆◆ ステップ 2 ◆◆◆◆◆

① 1 $5\times10^{-4}\,\mathrm{Wb}$ と $1.2\times10^{-4}\,\mathrm{Wb}$ の N 極を空気中で 15 cm 離して置いたとき，その間に働く磁力の大きさ F〔N〕を求めなさい．

〔答〕$F=$ _____

② 2 図 2.1 のように，空気中に置かれた $4\times10^{-6}\,\mathrm{Wb}$ の S 極から 40 cm 離れた点 a の磁界の大きさ H〔A/m〕と向きを求めなさい．

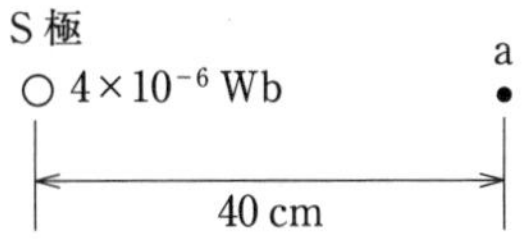

S 極
○ $4\times10^{-6}\,\mathrm{Wb}$　　　　　a
|←――― 40 cm ―――→|

図 2.1

〔答〕$H=$ _____　磁界の向き _____

③ 3 磁界の大きさ $8\,\mathrm{A/m}$ の空気中に $2.5\times10^{-6}\,\mathrm{Wb}$ の磁極を置いたとき，これに加わる磁力の大きさ F〔N〕を求めなさい．

〔答〕$F=$ _____

④ 4 ある磁界中に，$7\times10^{-3}\,\mathrm{Wb}$ の磁極を置いたら，$3.5\times10^{-2}\,\mathrm{N}$ の力が働いた．磁界の大きさ H〔A/m〕を求めなさい．

〔答〕$H=$ _____

⑤ 5 空気中に磁極の強さが $4\times10^{-5}\,\mathrm{Wb}$ の N 極と $5\times10^{-5}\,\mathrm{Wb}$ の S 極があるとき，両磁極間に $2.25\times10^{-3}\,\mathrm{N}$ の吸引力が働いた．両磁極間の距離 r〔cm〕を求めなさい．

〔答〕$r=$ _____

⑥ 6 真空中に $3.5\times10^{-7}\,\mathrm{Wb}$ の磁極がある．そこから 25 cm 離れた点の磁界の大きさ H〔A/m〕と磁束密度 B〔T〕を求めなさい．

〔答〕$H=$ _____　$B=$ _____

2.2 電流による磁界

トレーニングのポイント

① **アンペアの右ねじの法則**　電流の流れる向きを右ねじが進む向きにとると，磁界の生じる向きは，右ねじの回転する向きとなる。

② **電流が作る磁界の大きさ H〔A/m〕（表2.1）**

表2.1

	直線状導体	円形コイル	細長いコイル	環状コイル
磁力線				
磁界の大きさ	$H=\dfrac{I}{2\pi r}$	$H=\dfrac{NI}{2r}$ N：コイルの巻数	$H=N_0 I$ N_0：1 m あたりのコイルの巻数	$H=\dfrac{NI}{2\pi r}=\dfrac{NI}{l}$

◆◆◆◆◆ **ステップ 1** ◆◆◆◆◆

□ **1** つぎの文の（　）に適切な語句や記号を入れなさい。

（1） 直線状導体に電流を流し，磁針を導体の周りに置いたとき，磁力線は導体を中心とする（　　）①となる。

　電流の流れる向きを（　　）②の進む向きにとると，②を回す向きに磁界が生じる。これを（　　）③の法則という。

（2） 円形のコイルの中心に生じる磁界の向きは，（　　）①手を握ったとき，親指を（　　）②の向き，その他の指を（　　）③の向きとすると，アンペアの右ねじの法則と一致する。

（3） 図2.2のように，鉄心にコイルを巻いて電流を流すと（　　）①になり，両端に生じる磁極は図のようになる。

（　　）② 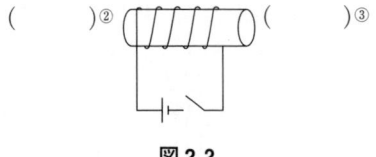 （　　）③

図2.2

□ **2** 図2.3のように導線またはコイルに電流が流れた。図の各点での磁界の向きを矢印または⊙，⊗で示しなさい。

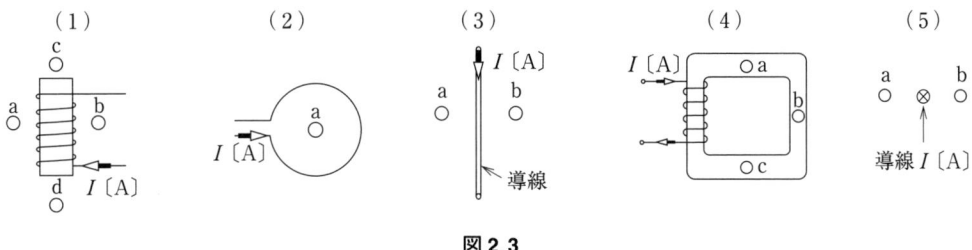

図2.3

|||||||||| **例題** 1 ||||||||||||||||||||||||||||||||||||||||||||||||||||||||||||||||||||||||||||

図2.4のように，長さ $l=20\,\text{cm}$ につき $N=50$ 回 の割合で巻いてある細く非常に長いコイルに1.8 Aの電流を流した。コイル内部に生じる磁界の大きさ $H\,[\text{A}/\text{m}]$ を求めなさい。

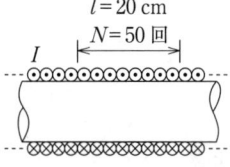

図2.4

【解答】

1 m あたりの巻数 N_0 は

$$N_0 = \frac{N}{l} = \frac{50}{0.2} = 250\,\text{回}/\text{m}$$

したがって

$$H = N_0 I = 250 \times 1.8 = 450\,\text{A}/\text{m}$$

|||||||||| **例題** 2 ||||||||||||||||||||||||||||||||||||||||||||||||||||||||||||||||||||||||||||

図2.5のように，平均半径 $r=3\,\text{cm}$，巻数 $N=120$ 回 の環状コイルに $I=1.5\,\text{A}$ の電流が流れているとき，コイルの内部に発生する磁界の大きさ $H\,[\text{A}/\text{m}]$ を求めなさい。

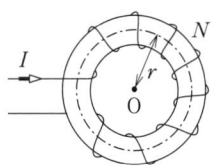

図2.5

【解答】

$$H = \frac{NI}{2\pi r} = \frac{120 \times 1.5}{2\pi \times 3 \times 10^{-2}} = 955\,\text{A}/\text{m}$$

◆◆◆◆◆ **ステップ 2** ◆◆◆◆◆

□ **1** 半径25 cmで1回巻きの円形コイルに4.5 Aの電流を流したとき，円形コイルの中心の磁界の大きさ $H\,[\text{A}/\text{m}]$ を求めなさい。

答 $H=$ _____

30   2. 電流と磁気

□ **2** 長い直線状導体に 18 A の電流が流れているとき，導体から 14.3 cm 離れた点の磁界の大きさ H〔A/m〕を求めなさい。

答 $H=$ _____

□ **3** 図 2.6 のように，平均半径 15 cm，巻数 250 回の環状コイルに 3 A の電流を流したとき，コイルの内部の磁界の大きさ H〔A/m〕を求めなさい。

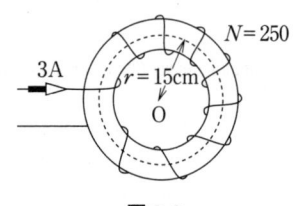

図 2.6

答 $H=$ _____

□ **4** 細長いコイルに電流 $I=5$ A を流したとき，コイル内部の磁界の大きさ $H=200$ A/m が発生した。このコイルの 10 cm あたりの巻数 N を求めなさい。

答 $N=$ _____

◆◆◆◆◆ ステップ 3 ◆◆◆◆◆

□ **1** 半径 10 cm の円形コイルに 0.1 A の電流を流したとき，その中心に磁界の大きさ $H=2.5$ A/m の磁界が生じた。このコイルの巻数 N を求めなさい。

ヒント！
$H=\dfrac{NI}{2r}$
$N=\dfrac{2rH}{I}$

答 $N=$ _____

□ **2** 図 2.7 のような長い直線状導体に電流を流したとき，この導体から 15 cm 離れた点の磁界の大きさ H が 30 A/m であった。流した電流 I〔A〕を求めなさい。

ヒント！
$H=\dfrac{I}{2\pi r}$
$I=2\pi rH$

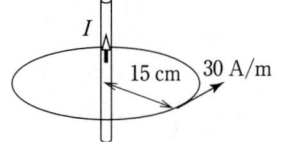

図 2.7

答 $I=$ _____

□ **3** 図 2.8 のような環状コイルがある。鉄心の透磁率が $\mu = 1.25 \times 10^{-3}$ H/m，磁界の平均経路の長さ $l = 20$ cm，断面積 $A = 8 \times 10^{-3}$ m²，コイルの巻数 $N = 350$ 回 に電流 $I = 5$ A を流したとき，つぎの問に答えなさい。

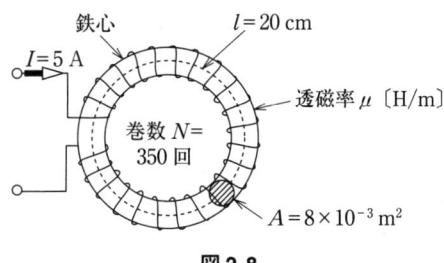

図 2.8

(1) 鉄心中の磁界の大きさ H 〔kA/m〕を求めなさい。

ヒント！
$H = \dfrac{NI}{2\pi r}$
$\quad = \dfrac{NI}{l}$

答 $H = $ _____

(2) 鉄心中の磁束密度 B 〔T〕を求めなさい。

ヒント！
$B = \mu H = \mu_0 \mu_r H$

答 $B = $ _____

(3) 鉄心中の磁束 Φ 〔Wb〕を求めなさい。

ヒント！
$\Phi = BA$

答 $\Phi = $ _____

2.3 電磁力

トレーニングのポイント

① **電磁力とフレミングの左手の法則**　導体に流れる電流と磁束との間に生じる電磁力が働く向きは，**図2.9**のフレミングの左手の法則に従う。

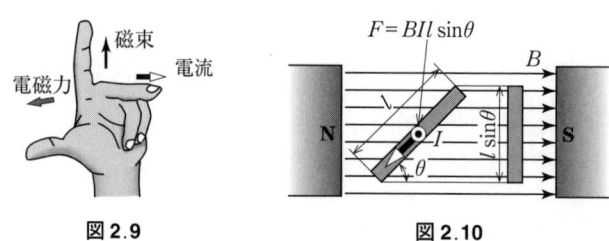

図2.9　　　　　　　図2.10

② **電磁力の大きさ**　図2.10のように，磁束密度 B〔T〕の磁界内に，長さ l〔m〕の導体を磁束の向きに対して θ〔°〕の角度に置いて，電流 I〔A〕を流したとき，導体に働く電磁力 F〔N〕は

$$F = BIl \sin\theta \text{〔N〕}$$

③ **導体間に働く電磁力**　真空中において，2本の長い導体を平行に置いて，それぞれの導体に電流 I_1, I_2〔A〕を流したとき，導体 1 m あたりに働く電磁力 f〔N/m〕は

$$f = \frac{2I_1 I_2}{r} \times 10^{-7} \text{〔N/m〕}$$

電流の向きが同じ場合，吸引力　電流の向きが逆の場合，反発力

④ **コイルに働くトルク**　図2.11のように，磁束密度 B〔T〕の磁極間に置かれた長さ l〔m〕，幅 D〔m〕，巻数 N のコイルを，磁界と θ〔°〕の位置に置き，電流 I〔A〕を流したときのトルク T〔N·m〕は

$$T = NBIlD \cos\theta \text{〔N·m〕}$$

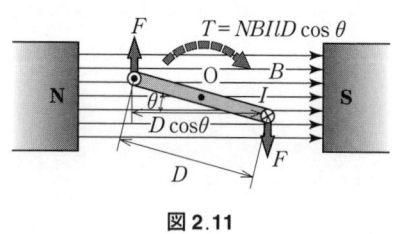

図2.11

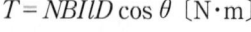 **ステップ 1**

□ **1** つぎの文の（　）に適切な語句を入れなさい。

（1）電流と磁界との間に生じる力を（　　　）①という。

（2）磁界中に置かれた導体に電流を流したとき，導体に働く力の向きは，電流の向きと磁

束の向きそれぞれに対して直角の向きとなる。左手の親指，人差し指，中指をたがいに直角に曲げ，中指を（　　　）①の向き，人差し指を（　　　）②の向きに合わせると，親指が（　　　）③の向きになる。これを（　　　　　）④の法則という。

□**2** 図2.12のように磁極のそばに導体を置いた。つぎの問に答えなさい。

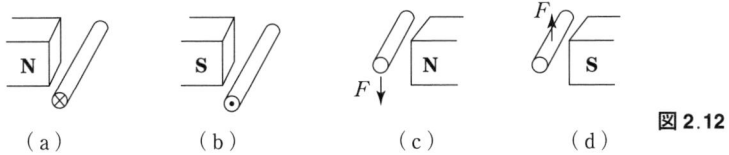

（1）導体に図(a), (b)の向きの電流を流したとき，導体が受ける電磁力の向きを矢印で図に示しなさい。

（2）図(c), (d)において，矢印の向きに電磁力が生じるような電流の向きを図に示しなさい。

◆◆◆◆◆ **ステップ 2** ◆◆◆◆◆

□**1** 磁束密度3.2 Tの平等磁界内に有効長さ15 cmの導体を磁界と直角に置く。これに電流2.5 Aを流した。導体に働く電磁力 F 〔N〕を求めなさい。

［答］$F=$ ＿＿＿＿＿＿

□**2** 図2.13のように線間距離5 cmの平行導体の一端を接続し，他端に電源をつないで電流 $I=50$ A を流した。導体1 mあたりに働く電磁力の大きさ f 〔N/m〕と向きを求めなさい。

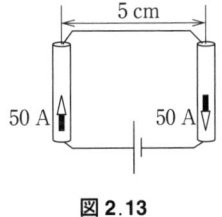

図2.13

［答］$f=$ ＿＿＿＿＿＿

◆◆◆◆◆ **ステップ 3** ◆◆◆◆◆

□**1** 図2.14のように，平等磁界内に有効長さ $l=45$ mm，幅 $D=35$ mm，巻数 $N=30$ の回転コイルを，磁束密度 $B=2.6$ T の平等磁界内に置き，これに電流 $I=800$ mA を流した。コイルが図の位置のと

ヒント！
$F=NBIl$
$T=FD$

き，コイル辺（abおよびcb）が受ける電磁力 F〔N〕の働く向きと大きさ，コイルに生じるトルク T〔N·m〕の向きと大きさを求めなさい。

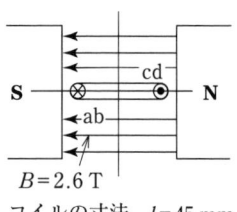

$B = 2.6$ T
コイルの寸法　$l = 45$ mm
　　　　　　　$D = 35$ mm
コイルの巻数　$N = 30$

図 2.14

〔答〕 $F=$ _____　$T=$ _____

□ **2** 図 2.15 のように，0.8 T の平等磁界内に，長さ 140 cm の導体 AB を磁界の向きと直角に置き，電流を流したとき，上向きに 7.8 N の力が働いた。つぎの問に答えなさい。

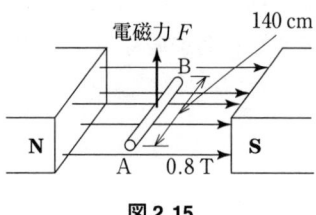

図 2.15

（1）電流の大きさ I〔A〕を求めなさい。

ヒント！
$F = BIl$
$I = \dfrac{F}{Bl}$

〔答〕 $I=$ _____

（2）導体 AB に流れる電流の向きを図に示しなさい。

□ **3** 図 2.16 のように，磁束密度 1.5 T の磁界内に，導体の長さ 30 cm を磁界の向きに対して 60°に置いて，8 A の電流を流した。働く電磁力 F〔N〕を求めなさい。

ヒント！
$F = BIl \sin\theta$

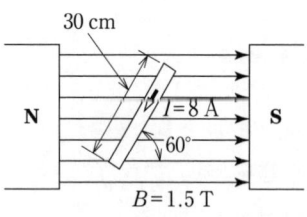

図 2.16

〔答〕 $F=$ _____

2.4 磁気回路と磁性体

トレーニングのポイント

① **比透磁率** μ_r　　透磁率 μ [H/m] と真空の透磁率 μ_0 [H/m] との比

$$\mu_r = \frac{\mu}{\mu_0} \quad \therefore \quad \mu = \mu_0 \mu_r$$

② **ヒステリシス曲線**（図 2.17）

磁化力 H_c を保磁力

磁束密度 B_r を残留磁気

保磁力 H_c の大きな強磁性体は，永久磁石に適している。

③ **起磁力**　　磁束が生じる原動力になる巻数 N と電流 I [A] との積 NI をいう。

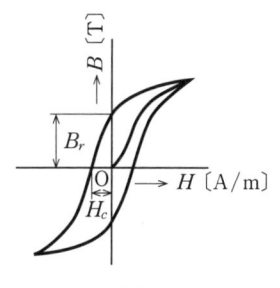

図 2.17

④ **磁気抵抗**　　平均磁路の長さ l [m], 断面積 A [m^2], 透磁率 μ [H/m] とすると，磁気抵抗 R_m [H^{-1}] は

$$R_m = \frac{NI}{\Phi} = \frac{l}{\mu A} \text{ [H}^{-1}\text{]}$$

⑤ **磁束** Φ [Wb], **起磁力** F_m [A], **磁気抵抗** R_m [H^{-1}] の関係

$$\Phi = \frac{F_m}{R_m} \text{ [Wb]}$$

ステップ 1

□ **1** つぎの文の（　　）に適切な語句や記号を入れなさい。

(1) 磁石の近くに鉄を置くとその鉄は磁気を帯びる。この現象を（　　）①といい，磁界中で磁化される物質を（　　）②という。物質中を通る磁束の通りやすさを表した（　　）③は物質により異なり，透磁率 μ と真空の透磁率 μ_0 との比を（　　）④といい，量記号に μ_r を用いる。

(2) 比透磁率 $\mu_r \gg 1$ の物質である鉄，コバルト，ニッケル，マンガンなど，他の物質に比べ強く磁化されるものを（　　）①という。

比透磁率 $\mu_r > 1$ の物質であるアルミニウムのように，強磁性体に比べてわずかしか磁化されないものを（　　）②という。

比透磁率 $\mu_r < 1$ の物質である銅，金，亜鉛は，強磁性体と反対の向きにきわめてわずかに磁化されるので（　　）③という。

(3) 磁束密度 B と磁化力 H との関係を示す曲線を（　　　）①曲線という。磁化力 H_c を（　　　）②，磁束密度 B_r を（　　　）③という。

(4) 磁束が生じるもとになる NI を（　　　）①といい，量記号に F_m，単位にアンペア〔A〕を用いる。また，起磁力 F_m によって磁束 Φ が通る道を（　　　）②という。

例題 3

図2.18のような環状コイルがある。平均磁路の長さ $l=70\,\text{cm}$，断面積 $A=8\,\text{cm}^2$，鉄心の比透磁率 $\mu_r=2\,000$ のときの磁気抵抗 $R_m\,[\text{H}^{-1}]$ を求めなさい。

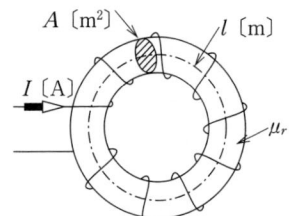

図2.18

解答

平均磁路の長さ $l=70\times10^{-2}\,\text{m}$，断面積 $A=8\times10^{-4}\,\text{m}^2$，透磁率 $\mu=\mu_0\mu_r=4\pi\times10^{-7}\times2\,000$ であるので，磁気抵抗 $R_m\,[\text{H}^{-1}]$ は

$$R_m=\frac{l}{\mu A}=\frac{70\times10^{-2}}{4\pi\times10^{-7}\times2\,000\times8\times10^{-4}}=3.48\times10^5\,\text{H}^{-1}$$

◆◆◆◆◆ ステップ 2 ◆◆◆◆◆

1 平均磁路の長さ $l=75\,\text{cm}$ の環状鉄心に，$N=250$ 回 のコイルを巻いて電流 $I=6\,\text{A}$ を流した。このときの起磁力 $F_m\,[\text{kA}]$ および磁気抵抗 $R_m\,[\text{H}^{-1}]$ を求めなさい。ただし，透磁率 $\mu=4.4\times10^{-3}\,\text{H/m}$，鉄心の断面積 $A=3\times10^{-4}\,\text{m}^2$ とする。

答　$F_m=$　　　　　$R_m=$

2 巻数 $N=150$ 回 のコイルに電流 $I=4\,\text{A}$ を流したとき，コイルに $\Phi=2.5\times10^{-2}\,\text{Wb}$ の磁束が生じた。このときの起磁力 $F_m\,[\text{A}]$ および磁気抵抗 $R_m\,[\text{H}^{-1}]$ を求めなさい。

答　$F_m=$　　　　　$R_m=$

ステップ 3

□ **1** 平均磁路の長さが 45 cm，断面積が 6 cm^2，比透磁率が 1 500，巻数 300 の環状コイルに，電流を 1.5 A 流したとき，つぎの問に答えなさい。

（1）磁気抵抗 R_m〔H^{-1}〕を求めなさい。

ヒント!
$R_m = \dfrac{l}{\mu_0 \mu_r A}$

答 $R_m =$ _____

（2）起磁力 F_m〔A〕と磁束 Φ〔Wb〕を求めなさい。

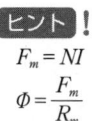

ヒント!
$F_m = NI$
$\Phi = \dfrac{F_m}{R_m}$

答 $F_m =$ _____
$\Phi =$ _____

□ **2** 磁気抵抗 200 H^{-1}，磁束 15 Wb の磁気回路に電流を 8 A 流した。この磁気回路の起磁力 F_m〔kA〕と巻数 N を求めなさい。

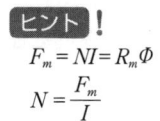

ヒント!
$F_m = NI = R_m \Phi$
$N = \dfrac{F_m}{I}$

答 $F_m =$ _____
$N =$ _____

2.5 電磁誘導

トレーニングのポイント

① **電磁誘導に関するファラデーの法則** 電磁誘導によってコイルに誘導される起電力は，そのコイルを貫く磁束の時間に対する変化の割合に比例する。

② **レンツの法則** 電磁誘導によって生じる誘導起電力は，もとの磁束の変化を妨げるような向きに生じる。

③ **フレミングの右手の法則** 誘導起電力の向きは，図 2.19 のフレミングの右手の法則に従う。

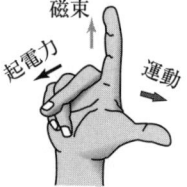

図 2.19

④ **誘導起電力の大きさ** 巻数が N のコイルを貫く磁束が，ごく短い時間 Δt 秒の間に $\Delta \Phi$〔Wb〕だけ変化したときの誘導起電力 e〔V〕は

$$e = -N\frac{\Delta \Phi}{\Delta t} \text{〔V〕}$$

⑤ **磁界内を運動する導体の誘導起電力の大きさ** 図 2.20 のように，運動方向と垂直をなす部分の長さが l〔m〕の導体が，磁束密度 B〔T〕の平等磁界内を，磁束 Φ と θ の角度をなす向きに一定速度 v〔m/s〕で運動しているとき，誘導起電力 e〔V〕は

$$e = Blv \sin\theta \text{〔V〕}$$

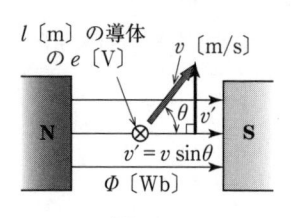

図 2.20

◆◆◆◆◆ ステップ 1 ◆◆◆◆◆

□ **1** つぎの文の（　　）に適切な語句を入れなさい。

（1）コイルを貫く磁束が変化すると起電力が発生し，回路に電流が流れる。この現象を（　　）①といい，これによって生じる起電力を（　　）②，流れる電流を（　　）③という。

電磁誘導によってコイルに誘導される起電力は，そのコイルを貫く磁束の（　　）④に対する変化の割合に（　　）⑤する。これを電磁誘導に関する（　　）⑥の法則という。

（2）電磁誘導によって生じる起電力は，もとの磁束の変化を（　　）①ような向きに生じる。これを（　　）②の法則という。

□ **2** 図2.21（a）のように、磁石を ← の向きに動かしたときと、図（b）のようにコイルを → の向きに動かしたときに、コイルに生じる起電力の向きを矢印で示しなさい。

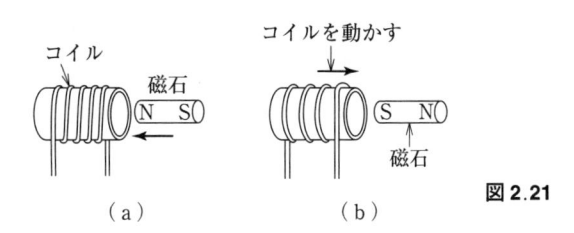

図2.21

❖❖❖❖❖ ステップ 2 ❖❖❖❖❖

例題 4

巻数が800回のコイルがある。このコイルを貫く磁束が0.5秒間に $4.8×10^{-3}$ Wb から $0.3×10^{-3}$ Wb に変化したとき、コイルに生じる誘導起電力 e〔V〕を求めなさい。

解答

$N=800$ 回, $\Delta\Phi=(4.8×10^{-3}-0.3×10^{-3})$Wb, $\Delta t=0.5$ 秒 であるので、電磁誘導によってコイルに生じる誘導起電力 e〔V〕は

$$e=N\frac{\Delta\Phi}{\Delta t}=800×\frac{4.8×10^{-3}-0.3×10^{-3}}{0.5}=7.2\text{ V}$$

□ **1** 磁束密度 $B=1.2$ T の平等磁界内に、これと垂直に $l=75$ cm の導体を置き、これを磁界および導体の長い方向と直角に速度 $v=15$ m/s で運動させたとき、生じる誘導起電力の大きさ e〔V〕を求めなさい。

答 $e=$ _____

❖❖❖❖❖ ステップ 3 ❖❖❖❖❖

□ **1** 0.8 Wb の磁束が貫いているコイルがある。0.5秒間に磁束を零にしたところ、600 V の誘導起電力が生じた。このコイルの巻数 N を求めなさい。

ヒント!
$e=N\dfrac{\Delta\Phi}{\Delta t}$
$N=e\dfrac{\Delta t}{\Delta\Phi}$

答 $N=$ _____

2. 電流と磁気

□ **2** 図2.22のように，磁束密度 $B=1.6$ T の平等磁界内で，長さ $l=25$ cm の導体を磁界とそれぞれ 30°, 60°, 90° の向きにいずれも 12 m/s の一定速度で運動させたとき，それぞれの場合に生じる誘導起電力の大きさ e_{30}, e_{60}, e_{90} 〔V〕を求めなさい。

ヒント！ $e = Blv\sin\theta$

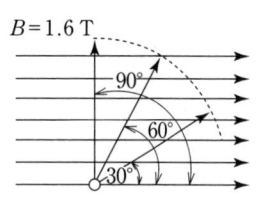

答 $e_{30} =$

$e_{60} =$

$e_{90} =$

□ **3** 巻数 500 回のコイルの磁束が図2.23のように変化した。このとき発生した起電力の大きさ e〔V〕を求めなさい。

ヒント！ $e = N\dfrac{\Delta\Phi}{\Delta t}$

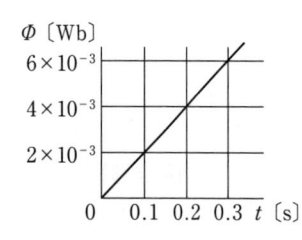

答 $e =$

□ **4** 図2.24のように，磁束密度 1.5 T の平等磁界内で 30 Ω の抵抗と導体 a-b, c-d を接続し，その上に導体 AB を磁界の向きと直角に置き，導体 AB を右方向に $v=30$ m/s の速さで移動させた。ただし，導体どうしの接触抵抗は無視するものとする。

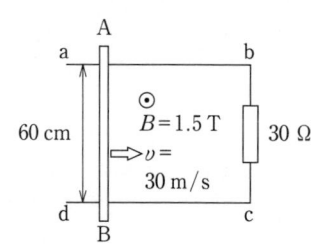

(1) 導体 AB に生じる起電力の大きさ e〔V〕を求めなさい。

ヒント！ $e = Blv$

答 $e =$

(2) 抵抗に流れる電流の向きと大きさ I〔A〕を求めなさい。

ヒント！ $I = \dfrac{V}{R}$

答 電流の向き　　　　　$I =$

(3) 導体 AB に働く電磁力 F〔N〕を求めなさい。

ヒント！ $F = BIl$

答 $F =$

2.6 インダクタンスの基礎

トレーニングのポイント

① 自己インダクタンス L, 相互インダクタンス M と誘導起電力 e, e_1, e_2（図2.25）

$$e = -L\frac{\Delta I}{\Delta t}\ [\text{V}], \quad e_1 = -M\frac{\Delta I_2}{\Delta t}, \quad e_2 = -M\frac{\Delta I_1}{\Delta t}\ [\text{V}]$$

② L と M（図2.25）

$$L = \frac{N\Phi}{I}\ [\text{H}],$$

$$M = \frac{N_2\Phi_1}{I_1} = \frac{N_1\Phi_2}{I_2}\ [\text{H}]$$

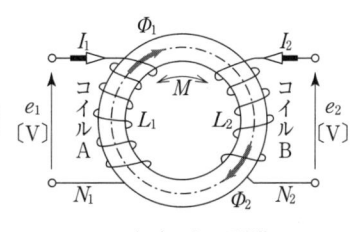

(a) 自己誘導　　(b) 相互誘導

図2.25

③ 環状コイルの L

$$L = \frac{N\Phi}{I} = \frac{\mu_0\mu_r N^2 A}{l}\ [\text{H}]$$

④ 円筒コイルの L

$$L = \lambda\frac{\mu_0\mu_r N^2 \pi r^2}{l}\ [\text{H}]$$

（λ：長岡係数）

⑤ 環状コイルの M

$$M = \frac{\mu_0\mu_r N_1 N_2 A}{l}\ [\text{H}]$$

⑥ M と L および結合係数 k

$$M = k\sqrt{L_1 L_2}\ [\text{H}]$$

⑦ インダクタンスの差動接続, 和動接続

差動接続　$L = L_1 + L_2 - 2M\ [\text{H}]$

和動接続　$L = L_1 + L_2 + 2M\ [\text{H}]$

⑧ コイルに蓄えられる電磁エネルギー W, w

$$W = \frac{1}{2}LI^2\ [\text{J}], \quad w = \frac{1}{2}BH\ [\text{J/m}^3]$$

◇◇◇◇◇ **ステップ 1** ◇◇◇◇◇

□ **1** つぎの文の（　）に適切な語句や記号を入れなさい。

(1) コイルに流れる電流を変化させると，電流の作る磁束はコイル自身を貫く。その発生した磁束で，電磁誘導により，磁束を妨げる向きに誘導起電力 e が生じる。この現象を（　　　）①といい，このとき生じる起電力を（　　　　　）②という。

(2) コイルに生じる誘導起電力 e は，電流の変化する時間的な割合に（　　　）①する。この比例定数 L を（　　　　　）②といい，単位に（　　　）③，単位記号に（　　）④を用いる。

ステップ 2

□ **1** あるコイルの電流を 0.3 秒間に 3 A から 9 A に増加させたとき，誘導起電力が 0.2 V 発生した。このコイルの自己インダクタンス L〔mH〕を求めなさい。

答 $L =$ _____

□ **2** 相互インダクタンス $M = 0.7$ H の相互誘導回路がある。一次コイルの電流 I_1 が 0.3 秒間に 0 A から 15 A になったとすれば，二次コイルの誘導起電力の大きさ e〔V〕を求めなさい。

答 $e =$ _____

□ **3** 環状鉄心に巻数 $N_1 = 200$，$N_2 = 300$ の一次，二次のコイルが巻いてある。一次コイルに電流 $I_1 = 4$ A を流したとき，鉄心の磁束が 3×10^{-3} Wb となった。相互インダクタンス M〔mH〕を求めなさい。

ヒント！ $M = \dfrac{N_2 \Phi_1}{I_1}$

答 $M =$ _____

□ **4** $L = 300$ mH のコイルに電流 $I = 12$ A を流したとき，コイルに蓄えられる電磁エネルギー W〔J〕を求めなさい。

答 $W =$ _____

ステップ 3

□ **1** 真空中に置かれた直径 2.4 cm，長さ 4 cm，一様に 100 回巻いた円筒コイルがある。ただし，円筒コイル内には透磁率 $\mu_r = 2\,000$ の鉄心が入れてある。漏れ磁束を考慮した自己インダクタンス L〔mH〕を求めなさい。ここで，長岡係数 $\lambda = 0.789$ とする。

ヒント！ $L = \dfrac{\lambda \mu_0 \mu_r N^2 \pi r^2}{l}$

答 $L =$ _____

2 図 2.26 に示すように，半径 $r=8$ cm，磁路の断面積 $A=4$ cm²，比透磁率 $\mu_r=2\,000$，一次コイル P の巻数 200，二次コイル S の巻数 1 000 の相互誘導コイルがある。コイルの自己インダクタンス L_1 〔mH〕，L_2〔H〕および相互インダクタンス M〔H〕を求めなさい。

ヒント！
$\mu_0 = 4\pi \times 10^{-7}$ H/m
$L = \dfrac{\mu_0 \mu_r N^2 A}{l}$
$M = \dfrac{\mu_0 \mu_r N_1 N_2 A}{l}$

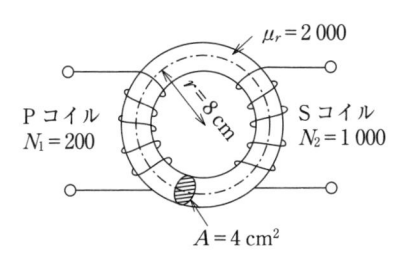

図 2.26

答　$L_1 =$ 80 mH　　$L_2 =$ 2.0 H　　$M =$ 0.4 H

3 **2** のコイルの自己インダクタンスの値がそれぞれ 150 mH，250 mH で，相互インダクタンスを 170 mH とすると，両コイルの結合係数 k の値を求めなさい。

ヒント！
$M = k\sqrt{L_1 L_2}$
$k = \dfrac{M}{\sqrt{L_1 L_2}}$

答　$k =$ 0.878

4 図 2.27 のように直列接続され，電磁結合している二つのコイルのインダクタンスが $L_1=30$ mH，$L_2=60$ mH のとき，合成自己インダクタンス L が 110 mH であった。相互インダクタンス M〔mH〕を求めなさい。また，二つのコイルは和動接続か，差動接続されているか答えなさい。

ヒント！
$L = L_1 + L_2 \pm 2M$

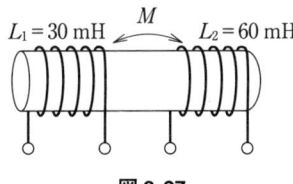

図 2.27

答　$M =$ 10 mH　　和動 接続

5 一次コイルに 120 V を加えると，二次コイルに 30 V の電圧が発生する変圧器がある。一次コイルの巻数が 300 のとき，二次コイルの巻数を求めなさい。

ヒント！
$\dfrac{e_1}{e_2} = \dfrac{N_1}{N_2}$
$N_2 = N_1 \dfrac{e_2}{e_1}$

答　二次コイルの巻数＝ 75

3 静　電　気

3.1 静　電　力

トレーニングのポイント

① **静電誘導**　図3.1のように導体Aに正に帯電させた帯電体Bを近づけると，導体Aの負電荷を持った電子はBに近い端に集まり，正電荷は遠い端に現れる。この現象を静電誘導という。

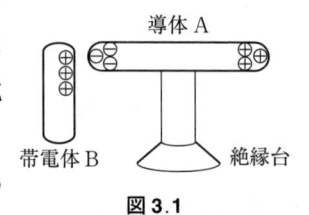

② **静電気に関するクーロンの法則**　r〔m〕離れた二つの電荷 Q_1, Q_2〔C〕の間に働く静電力の大きさ F〔N〕は

$$F = \frac{1}{4\pi\varepsilon} \cdot \frac{Q_1 Q_2}{r^2} \text{〔N〕} \quad (\varepsilon: \text{誘電率〔F/m〕})$$

真空中では誘電率 $\varepsilon_0 = 8.85 \times 10^{-12}$ F/m であるので

$$F = \frac{1}{4\pi\varepsilon_0} \cdot \frac{Q_1 Q_2}{r^2} = 9 \times 10^9 \times \frac{Q_1 Q_2}{r^2} \text{〔N〕}$$

図3.1

◆◆◆◆◆ ステップ 1 ◆◆◆◆◆

□ **1**　つぎの文の（　）に適切な語句や記号，数値を入れなさい。

（1）図3.2のように導体Aに負に帯電させた帯電体Bを近づけると，導体AのBに近い端に（　）①電荷，遠い端に（　）②電荷が現れる。この現象を（　）③という。

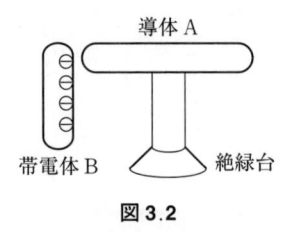

図3.2

（2）r〔m〕離れた二つの電荷 Q_1, Q_2〔C〕の間に働く静電力 F〔N〕は，（　）①の法則により次式で表される。ただし，誘電率は ε〔F/m〕とする。

$$F = \frac{1}{()^②} \cdot \frac{()^④ ()^⑤}{()^③} \text{〔N〕}$$

3.1 静電力

◆◆◆◆◆ ステップ 2 ◆◆◆◆◆

例題 1

図3.3のように，真空中に $Q_1=+3\,\mu\mathrm{C}$ の電荷と $Q_2=+4$ $\mu\mathrm{C}$ の電荷が10 cm離れて置かれている。この間に働く静電力の大きさ F〔N〕と向きを求めなさい。

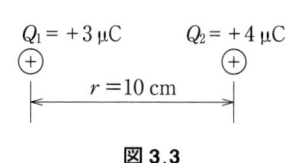

図3.3

解答

静電気に関するクーロンの法則により，静電力の大きさ F〔N〕は，電荷間の距離 $r=10\,\mathrm{cm}=0.1\,\mathrm{m}$ から

$$F=9\times10^9\times\frac{Q_1Q_2}{r^2}=9\times10^9\times\frac{(3\times10^{-6})\times(4\times10^{-6})}{0.1^2}=10.8\,\mathrm{N}$$

Q_1，Q_2 ともに正電荷のため反発力

□**1** 真空中に $Q_1=+2\,\mu\mathrm{C}$ の電荷と $Q_2=-2\,\mu\mathrm{C}$ の電荷が10 cm離れて置かれている。この間に働く静電力の大きさ F〔N〕と向きを求めなさい。

答 $F=$ _____ 向き _____

□**2** 図3.4（a）のように導体Aに負に帯電させた帯電体Bを近づけた。導体Aの電荷の様子を図に示しなさい。また，図（b）のように導体Aに接地を施したときはどのようになるか。

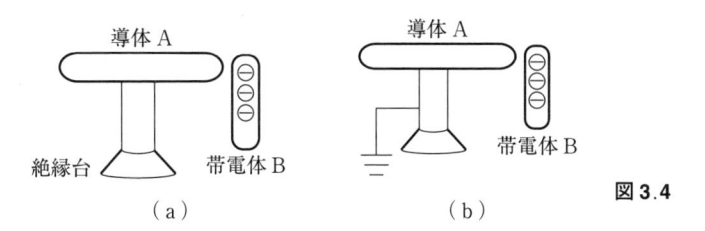

図3.4

□**3** 真空中に置かれている $Q_1=5\,\mu\mathrm{C}$ の電荷と $Q_2=8\,\mu\mathrm{C}$ の電荷間に，$F=16\,\mathrm{N}$ の静電力が働いた。電荷間の距離 r〔m〕を求めなさい。

ヒント！

$F=9\times10^9\times\dfrac{Q_1Q_2}{r^2}$

答 $r=$ _____

ステップ 3

□ **1** 図3.5のように，空気中に置かれた Q_1，Q_2 の電荷間のある点Pに $Q_3 = +3\,\mu\mathrm{C}$ の電荷を置いた。Q_1，Q_2，Q_3 に働く静電力の大きさ F_1，F_2，F_3 〔N〕と向きを答えなさい。

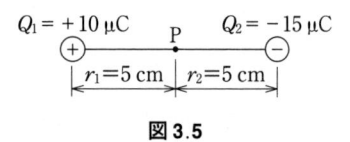

$Q_1 = +10\,\mu\mathrm{C}$　P　$Q_2 = -15\,\mu\mathrm{C}$
(+)—————·—————(−)
|← r_1=5 cm →|← r_2=5 cm →|

図 3.5

ヒント！

Q_1 と Q_2 の間に働く静電力，Q_2 と Q_3 の間に働く静電力，Q_1 と Q_3 の間に働く静電力を求め，合成する。

[答] $F_1 = $ 　　　　　，向き _____

$F_2 = $ 　　　　　，向き _____

$F_3 = $ 　　　　　，向き _____

3.2 電　　　界

トレーニングのポイント

① **電界の大きさ**　　Q〔C〕の電荷から r〔m〕離れた点の電界の大きさ E〔V/m〕は

$$E = \frac{Q}{4\pi\varepsilon r^2} \text{〔V/m〕}$$

② **電束密度**　　電界の大きさ E〔V/m〕,誘電率 ε〔F/m〕のとき,電束密度 D〔C/m²〕は

$$D = \varepsilon E \text{〔C/m²〕}$$

③ **電　位**　　Q〔C〕の電荷を移動するのに要するエネルギーを W〔J〕とすると,電位 V〔V〕は

$$V = \frac{W}{Q} \text{〔V〕}$$

Q〔C〕から r〔m〕離れた点の電位 V〔V〕は

$$V = \frac{Q}{4\pi\varepsilon r} \text{〔V〕}$$

④ **平行板電極内の電界の大きさ**　　電極間の距離が l〔m〕,電極間の電位差が V〔V〕のとき,電極内の電界の大きさ E〔V/m〕は

$$E = \frac{V}{l} \text{〔V/m〕}$$

◆◆◆◆ ステップ 1 ◆◆◆◆

☐ **1** つぎの文の（　　）に適切な語句や記号,数値を入れなさい。

(1) 静電力が働く空間を（　　）①という。電界の強さは,電界中に（　　）②C の電荷を置いたとき,これに働く（　　）③の大きさと向きで表す。

(2) 電界の状態や作用を知るのに用いる仮想の線を（　　）①という。①は（　　）②電荷から出て（　　）③電荷に入る。Q〔C〕の電荷からは（　　）④本の①が出入りする。①の密度はその点の（　　）⑤を表す。

(3) 誘電率の影響を受けないように,電気力線を束にした仮想の線を（　　）①という。$+Q$〔C〕の電荷からは（　　）②〔C〕の電束が出る。1 m² あたりの電束を（　　）③といい,D〔C/m²〕で表す。

(4) 電界内にある点の電位は,（　　）①〔C〕の電荷をその点に運ぶのに必要な（　　）②で表す。

48　3. 静　電　気

（5）　平等電界の大きさを E〔V/m〕，2点間の距離を l〔m〕とするとき，2点間の電位差 V は（　　　）①〔V〕である。

◆◆◆◆◆ ステップ 2 ◆◆◆◆◆

例題 2

図3.6において，つぎの問に答えなさい。ただし，真空中とする。

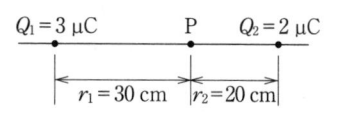

(1)　点Pの電界の大きさと向きを求めなさい。

(2)　点Pに $Q=3\,\mu\text{C}$ の電荷を置いたとき，これに働く静電力の大きさと向きを求めなさい。

図3.6

解答

(1)　Q_1 による点Pの電界の大きさ E_1〔V/m〕は

$$E_1 = \frac{Q_1}{4\pi\varepsilon_0 r_1^2} = 9\times 10^9 \times \frac{Q_1}{r_1^2} = 9\times 10^9 \times \frac{3\times 10^{-6}}{(30\times 10^{-2})^2} = 3.0\times 10^5\,\text{V/m} \quad (\text{右向き})$$

Q_2 による点Pの電界の大きさ E_2〔V/m〕は

$$E_2 = \frac{Q_2}{4\pi\varepsilon_0 r_2^2} = 9\times 10^9 \times \frac{Q_2}{r_2^2} = 9\times 10^9 \times \frac{2\times 10^{-6}}{(20\times 10^{-2})^2} = 4.5\times 10^5\,\text{V/m} \quad (\text{左向き})$$

したがって，点Pの電界の大きさ E〔V/m〕は

$$E = E_2 - E_1 = 4.5\times 10^5 - 3.0\times 10^5 = 1.5\times 10^5\,\text{V/m} \quad (\text{左向き})$$

(2)　$F = QE = 3\times 10^{-6} \times 1.5\times 10^5 = 0.45\,\text{N}$

1　図3.7において，つぎの問に答えなさい。ただし，真空中とする。

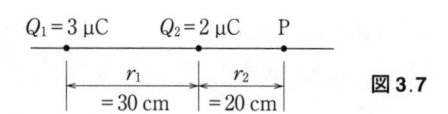

図3.7

(1)　点Pの電界の大きさ E〔kV/m〕と向きを求めなさい。

(2)　点Pに $Q=3\,\mu\text{C}$ の電荷を置いたとき，これに働く静電力の大きさ F〔N〕と向きを求めなさい。

ヒント！
Q_1 による電界の大きさ，Q_2 による電界の大きさを求め，合成する。

答　(1)　$E=$ ＿＿＿＿＿，向き＿＿＿＿＿
　　(2)　$F=$ ＿＿＿＿＿，向き＿＿＿＿＿

3.2 電界

例題 3

真空中において，面積 $A = 20\,\text{cm}^2$ の面を垂直に $\Psi = 6\,\mu\text{C}$ の電束が通っている。つぎの問に答えなさい。

(1) 電束密度 $D\,[\text{mC}/\text{m}^2]$ を求めなさい。
(2) 電界の大きさ $E\,[\text{V}/\text{m}]$ を求めなさい。

解答

(1) $D = \dfrac{\Psi}{A} = \dfrac{6 \times 10^{-6}}{20 \times 10^{-4}} = 3 \times 10^{-3}\,\text{C}/\text{m}^2 = 3\,\text{mC}/\text{m}^2$

(2) $E = \dfrac{D}{\varepsilon_0} = \dfrac{3 \times 10^{-3}}{8.85 \times 10^{-12}} = 3.39 \times 10^{8}\,\text{V}/\text{m}$

---

❷ 真空中において，電界の大きさが $6\,000\,\text{V}/\text{m}$ のとき，電束密度 D $[\text{nC}/\text{m}^2]$ を求めなさい。

ヒント！
$D = \varepsilon_0 E$
$\varepsilon_0 = 8.85 \times 10^{-12}\,\text{F}/\text{m}$

答 $D =$ _____

❸ 空気中で，$0.5\,\mu\text{C}$ の電荷から $50\,\text{cm}$ 離れた点の電界の大きさ E $[\text{kV}/\text{m}]$ を求めなさい。

ヒント！
$E = 9 \times 10^{9} \times \dfrac{Q}{r^2}$

答 $E =$ _____

❹ 電極間の距離が $2\,\text{cm}$ の平行板電極がある。電極内の電界の大きさが $1\,000\,\text{V}/\text{m}$ のとき，電極間の電位差 $V\,[\text{V}]$ を求めなさい。

ヒント！
$E = \dfrac{V}{l}$

答 $V =$ _____

❺ 図 3.8 のように，電界の大きさが零の点 O から $Q_1 = 0.2\,\text{C}$ の電荷を点 A に運ぶのに $8\,\text{J}$ のエネルギーを要した。また，点 O から $Q_2 = 1.5\,\text{C}$ の電荷を点 B に運ぶのに $45\,\text{J}$ 要した。点 A，B の電位 V_a，V_b $[\text{V}]$，および AB 間の電位差 $V_{ab}\,[\text{V}]$ を求めなさい。

ヒント！
$V = \dfrac{W}{Q}$
$V_{ab} = V_a - V_b$

図 3.8

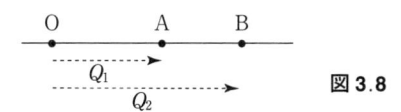

答 $V_a =$ _____ $V_b =$ _____ $V_{ab} =$ _____

3. 静電気

◆◆◆◆◆ **ステップ 3** ◆◆◆◆◆

□**❶** 真空中に $3\,\mu\text{C}$ の電荷が置かれている。この電荷による電界の大きさが $5\,\text{kV/m}$ の場所は，この電荷からどれだけ離れた場所か答えなさい。

ヒント!
$E = 9 \times 10^9 \times \dfrac{Q}{r^2}$

答 $r=$ _____

□**❷** 真空中で，$Q = +1.5\,\text{nC}$ の電荷から $5\,\text{cm}$ 離れた点Pについて，つぎの問に答えなさい。

(1) 電界の大きさ $E\,[\text{kV/m}]$ と向き
(2) 電気力線数と電束 $\Psi\,[\text{nC}]$
(3) 電気力線の密度 $E\,[\text{本/m}^2]$ と電束密度 $D\,[\text{nC/m}^2]$
(4) 電位 $V\,[\text{V}]$

ヒント!
電気力線数 $= \dfrac{Q}{\varepsilon_0}$
電気力線の密度
　= 電界の大きさ
$V = \dfrac{Q}{4\pi\varepsilon_0 r}$

答 (1) $E=$ _____ , 向き _____
　　(2) 電気力線数 _____ , $\Psi=$ _____
　　(3) $E=$ _____ , $D=$ _____
　　(4) $V=$ _____

3.3 コンデンサ

トレーニングのポイント

① **静電容量**　コンデンサに蓄えられる電荷 Q〔C〕と電極間の電圧 V〔V〕は比例する。比例定数 C〔F〕を静電容量という。

② **コンデンサの構造と静電容量**　図 3.9 のように電極面積 A〔m²〕，絶縁物の誘電率 ε〔F/m〕，電極間の距離 l〔m〕の平行板間の静電容量 C〔F〕は

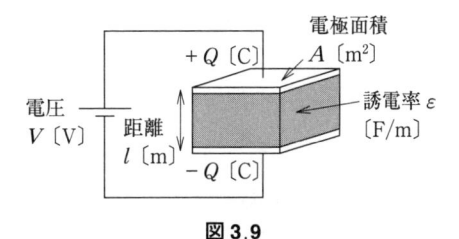

$$C = \frac{\varepsilon A}{l} \text{〔F〕}$$

図 3.9

③ **比誘電率**　コンデンサの静電容量 C〔F〕は絶縁物の誘電率 ε に比例する（上記②の式を参照）。絶縁物をはさんだコンデンサの静電容量は，電極間が真空であるコンデンサの静電容量の ε_r 倍になる。この比例定数 ε_r を比誘電率という（真空の比誘電率は 1）。

$$\varepsilon = \varepsilon_0 \varepsilon_r \text{〔F/m〕}, \quad \varepsilon_r = \frac{\varepsilon}{\varepsilon_0} \quad \left(\begin{array}{l} \varepsilon_0 \text{ は絶縁物が真空のときの誘電率で,} \\ \varepsilon_0 = 8.85 \times 10^{-12} \text{〔F/m〕} \end{array} \right)$$

④ **コンデンサの接続と合成静電容量**

（1）**並列接続**　並列接続の合成静電容量 C_0〔F〕は

$$C_0 = C_1 + C_2 + C_3 + \cdots\cdots + C_n \text{〔F〕}$$

このとき，各コンデンサに加わる電圧は等しい。

（2）**直列接続**　直列接続の合成静電容量 C_0〔F〕は

$$C_0 = \frac{1}{\dfrac{1}{C_1} + \dfrac{1}{C_2} + \dfrac{1}{C_3} + \cdots + \dfrac{1}{C_n}} \text{〔F〕}$$

このとき，各コンデンサに蓄えられる電荷は等しい。

⑤ **コンデンサに蓄えられる静電エネルギー W〔J〕**　$W = \dfrac{1}{2}QV = \dfrac{1}{2}CV^2$〔J〕

◆◆◆◆◆ ステップ 1 ◆◆◆◆◆

□ **1**　つぎの文の（　）に適切な語句や記号，数値を入れなさい。

（1）コンデンサに蓄えられる電荷 Q〔C〕と電極間の（　　）①は比例する。このときの比例定数を（　　）②といい，量記号に（　　）③，単位に（　　）④，単位記号に（　　）⑤を用いる。

（2）コンデンサの静電容量は，（　　　）① および（　　　）② に比例し，（　　　）③ に反比例する。

（3）真空の誘電率 ε_0 と絶縁物の誘電率 ε の比を（　　　）① といい，量記号に（　　　）② を用いる。

（4）$2\,\mu\text{F}$ のコンデンサと $3\,\mu\text{F}$ のコンデンサを並列接続すると，合成静電容量は（　　　）① μF となる。また，直列接続すると（　　　）② μF となる。

◆◆◆◆◆ ステップ 2 ◆◆◆◆◆

例題 4

図 3.10 の回路において，つぎの問に答えなさい。

（1）b-c 間の合成静電容量 $C_{bc}\,[\mu\text{F}]$ を求めなさい。
（2）a-c 間の合成静電容量 $C_{ac}\,[\mu\text{F}]$ を求めなさい。
（3）$15\,\mu\text{F}$ のコンデンサに蓄えられる電荷 $Q_{15}\,[\mu\text{C}]$ を求めなさい。
（4）a-b 間に加わる電圧 $V_{ab}\,[\text{V}]$ を求めなさい。
（5）b-c 間に加わる電圧 $V_{bc}\,[\text{V}]$ を求めなさい。
（6）$6\,\mu\text{F}$ のコンデンサに蓄えられる電荷 $Q_6\,[\mu\text{C}]$ を求めなさい。
（7）$4\,\mu\text{F}$ のコンデンサに蓄えられる電荷 $Q_4\,[\mu\text{C}]$ を求めなさい。

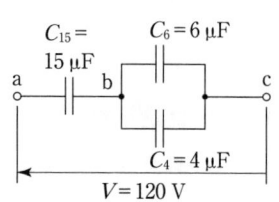

図 3.10

解答

（1）$C_{bc} = 6\,\mu\text{F} + 4\,\mu\text{F} = 10\,\mu\text{F}$　　（2）$C_{ac} = \dfrac{15 \times 10^{-6} \times 10 \times 10^{-6}}{15 \times 10^{-6} + 10 \times 10^{-6}} = 6 \times 10^{-6}\,\text{F} = 6\,\mu\text{F}$

（3）$Q_{15} = C_{ac}V = 6 \times 10^{-6} \times 120 = 720 \times 10^{-6}\,\text{C} = 720\,\mu\text{C}$

（4）$V_{ab} = \dfrac{Q_{15}}{C_{15}} = \dfrac{720 \times 10^{-6}}{15 \times 10^{-6}} = 48\,\text{V}$

（5）$V_{bc} = V - V_{ab} = 120 - 48 = 72\,\text{V}$　　$\left(\text{または } V_{bc} = \dfrac{Q_{15}}{C_{bc}} = \dfrac{720 \times 10^{-6}}{10 \times 10^{-6}} = 72\,\text{V}\right)$

（6）$Q_6 = C_6 V_{bc} = 6 \times 10^{-6} \times 72 = 432 \times 10^{-6}\,\text{C} = 432\,\mu\text{C}$

（7）$Q_4 = C_4 V_{bc} = 4 \times 10^{-6} \times 72 = 288 \times 10^{-6}\,\text{C} = 288\,\mu\text{C}$

（または $Q_4 = Q_{15} - Q_6 = 720 \times 10^{-6} - 432 \times 10^{-6} = 288\,\mu\text{C}$）

例題 5

図 3.11 のように，電極面積 $2\,\text{m}^2$，電極間の距離 $10\,\text{cm}$ のコンデンサの半分に比誘電率 $\varepsilon_r = 10$ の絶縁物を入れた。このコンデンサの静電容量を求めなさい。

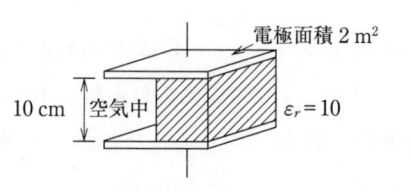

図 3.11

[解答] このコンデンサは図 **3.12** と等価な回路として考えることができる。C_1, C_2 の電極面積 A はそれぞれ $1\,\mathrm{m}^2$ となるので

$$C_1 = \varepsilon_0 \frac{A}{l} = 8.85 \times 10^{-12} \times \frac{1}{0.1} = 8.85 \times 10^{-11}\,\mathrm{F} = 88.5\,\mathrm{pF}$$

$$C_2 = \varepsilon_0 \varepsilon_r \frac{A}{l} = 8.85 \times 10^{-12} \times 10 \times \frac{1}{0.1} = 8.85 \times 10^{-10}\,\mathrm{F} = 885\,\mathrm{pF}$$

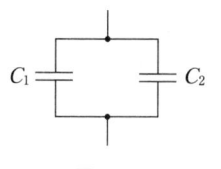

C_1 と C_2 は並列回路なので，合成静電容量 C_0 は

$$C_0 = C_1 + C_2 = 973.5\,\mathrm{pF}$$

図 **3.12**

□ **1** つぎの問に答えなさい。

（1） $C = 15\,\mu\mathrm{F}$ のコンデンサに $6\,\mathrm{V}$ を加えたときに蓄えられる電荷 $Q\,[\mu\mathrm{C}]$ はいくらか。

（2） $C = 6\,\mu\mathrm{F}$ のコンデンサに $48\,\mu\mathrm{C}$ の電荷が蓄えられているときの端子電圧 $V\,[\mathrm{V}]$ はいくらか。

（3） $V = 150\,\mathrm{V}$ を加えたとき $Q = 300\,\mu\mathrm{C}$ の電荷が蓄えられた。このコンデンサの静電容量 $C\,[\mu\mathrm{F}]$ はいくらか。

ヒント! $Q = CV$

[答] （1） $Q =$ _____ （2） $V =$ _____ （3） $C =$ _____

□ **2** つぎのコンデンサの静電容量を計算しなさい。

（1） 電極面積 $A_1 = 4\,\mathrm{cm}^2$，電極間の距離 $l_1 = 10\,\mathrm{mm}$，比誘電率 $\varepsilon_{r1} = 1$

（2） 電極面積 $A_2 = A_1$，電極間の距離 $l_2 = l_1$，比誘電率 $\varepsilon_{r2} = 100\,\varepsilon_{r1}$

（3） 電極面積 $A_3 = 2A_1$，電極間の距離 $l_3 = l_1$，比誘電率 $\varepsilon_{r3} = \varepsilon_{r1}$

（4） 電極面積 $A_4 = A_1$，電極間の距離 $l_4 = 2l_1$，比誘電率 $\varepsilon_{r4} = \varepsilon_{r1}$

ヒント! $C = \varepsilon_0 \varepsilon_r \dfrac{A}{l}$

[答] （1） $C_1 =$ _____ （2） $C_2 =$ _____
（3） $C_3 =$ _____ （4） $C_4 =$ _____

□ **3** 図 **3.13** の合成静電容量 $C\,[\mu\mathrm{F}]$ を求めなさい。ただし，$C_1 = 6\,\mu\mathrm{F}$, $C_2 = 3\,\mu\mathrm{F}$, $C_3 = 2\,\mu\mathrm{F}$ とする。

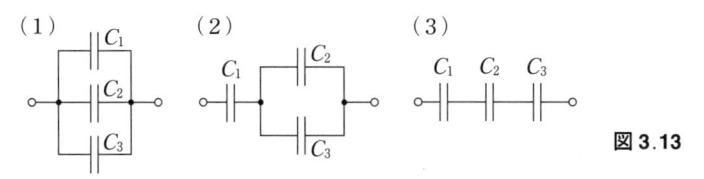

図 **3.13**

[答] （1） $C =$ _____ （2） $C =$ _____ （3） $C =$ _____

3. 静電気

4 $C=3\,\mu\text{F}$ のコンデンサに $V=200\,\text{V}$ を加えたとき，つぎの問に答えなさい。

(1) コンデンサに蓄えられる電荷 $Q\,[\mu\text{C}]$ はいくらか。

(2) 蓄えられる静電エネルギー $W\,[\text{mJ}]$ はいくらか。

ヒント!
$Q = CV$
$W = \dfrac{1}{2}QV = \dfrac{1}{2}CV^2$

答 (1) $Q=$ _____

(2) $W=$ _____

5 図 3.14 のコンデンサの静電容量 $C\,[\text{pF}]$ を求めなさい。

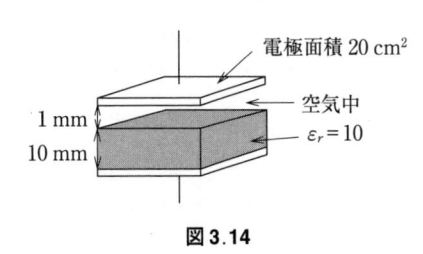

電極面積 $20\,\text{cm}^2$
空気中
$\varepsilon_r=10$
1 mm
10 mm

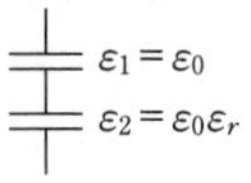

図 3.14

ヒント!
$\varepsilon_1 = \varepsilon_0$
$\varepsilon_2 = \varepsilon_0 \varepsilon_r$

答 $C=$ _____

6 図 3.15 について，つぎの問に答えなさい。

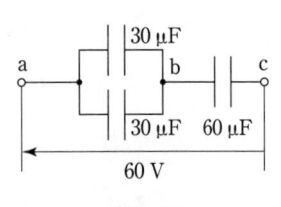

図 3.15

(1) a-b 間の合成静電容量 $C_{ab}\,[\mu\text{F}]$ を求めなさい。

(2) a-c 間の合成静電容量 $C_{ac}\,[\mu\text{F}]$ を求めなさい。

(3) $60\,\mu\text{F}$ のコンデンサに蓄えられる電荷 $Q\,[\mu\text{C}]$ を求めなさい。

(4) b-c 間に加わる電圧 $V_{bc}\,[\text{V}]$ を求めなさい。

(5) a-b 間に加わる電圧 $V_{ab}\,[\text{V}]$ を求めなさい。

(6) $30\,\mu\text{F}$ のコンデンサに蓄えられる電荷 $Q\,[\mu\text{C}]$ を求めなさい。

答 (1) $C_{ab}=$ _____ (2) $C_{ac}=$ _____

(3) $Q=$ _____ (4) $V_{bc}=$ _____

(5) $V_{ab}=$ _____ (6) $Q=$ _____

◆◆◆◆◆ ステップ 3 ◆◆◆◆◆

例題 6

図 3.16 において，つぎの問に答えなさい。

（1）合成静電容量 C_0〔μF〕を求めなさい。

（2）a-b 間の電圧 V_{ab}〔V〕を求めなさい。

（3）10 μF に蓄えられる静電エネルギー W〔mJ〕を求めなさい。

解 答

（1）$C_0 = \dfrac{C_{30} C_{30}}{C_{30} + C_{30}} + \dfrac{C_{10} C_{10}}{C_{10} + C_{10}} = \dfrac{30 \times 30}{30 + 30} + \dfrac{10 \times 10}{10 + 10} = 20\ \mu\text{F}$

（2）10 μF と 10 μF の直列の合成静電容量 C_{10+10} は 5 μF なので，一つの 10 μF に蓄えられる電荷 Q_{10} は

$$Q_{10} = C_{10+10} V = 5 \times 10^{-6} \times 60 = 300 \times 10^{-6}\ \text{C} = 300\ \mu\text{C}$$

よって，V_{ab} は

$$V_{ab} = \dfrac{Q_{10}}{C_{10}} = \dfrac{300 \times 10^{-6}}{10 \times 10^{-6}} = 30\ \text{V}$$

（3）$W = \dfrac{1}{2} QV = \dfrac{1}{2} \times 300 \times 10^{-6} \times 30 = 4.5 \times 10^{-3}\ \text{J} = 4.5\ \text{mJ}$

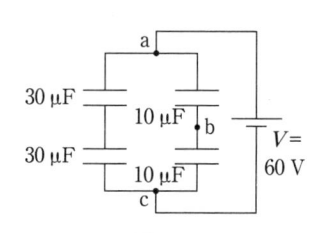

図 3.16

□ **1** 図 3.17 について，つぎの問に答えなさい。

（1）合成静電容量 C〔μF〕を求めなさい。

（2）a-b 間に 100 V を加えたとき，1 μF のコンデンサに蓄えられるエネルギー W〔mJ〕はいくらか。

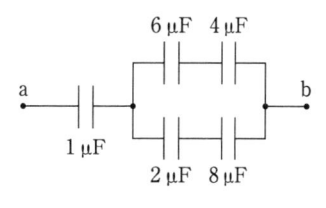

図 3.17

答（1）$C =$ _____

（2）$W =$ _____

□ **2** 図 3.18 のコンデンサの合成静電容量 C〔pF〕を求めなさい。

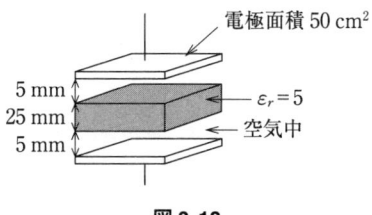

電極面積 50 cm²
5 mm
25 mm $\varepsilon_r = 5$
5 mm ← 空気中

図 3.18

答 $C =$ _____

4 交 流 回 路

4.1 正 弦 波 交 流

〔1〕 正弦波交流の基礎

> **トレーニングのポイント**
>
> ① **正弦波交流** 時間の経過とともに極性が周期的にかつ正弦波状に変化する電圧や電流。
> ② **瞬時式** 電圧の最大値を E_m, 磁界と導体の角度を θ とすると, 瞬時式 e 〔V〕は
> $$e = E_m \sin \theta \text{〔V〕}$$
> ③ **瞬時値** 瞬時式で表す関数式において, ある角度 θ_1 における電圧の大きさで, e_1 などと表す。
> ④ **周期 T 〔s〕と周波数 f 〔Hz〕の関係**
> $$T = \frac{1}{f} \text{〔s〕}, \quad f = \frac{1}{T} \text{〔Hz〕}$$

◆◆◆◆◆ ステップ 1 ◆◆◆◆◆

☐ **1** つぎの文の（　）に適切な語句を入れなさい。

（1） 正弦波交流とは, 時間の経過とともに（　　）①が（　　）②にかつ正弦波状に変化する電圧や電流をいう。

（2） 正弦波交流の波形を表す関数式を（　　）①といい, 電圧の場合 e または v の量記号で表す。

（3） 周期的に変化する波形の1サイクルに要する時間を（　　）①といい, 量記号は T, 単位は〔s〕で表す。また, この波形で1秒間に繰り返す周期の数を（　　）②といい, 量記号は f, 単位は〔Hz〕で表す。

◆◆◆◆◆ ステップ 2 ◆◆◆◆◆

☐ **1** 交流電圧が瞬時式 $e = 10 \sin \theta$ 〔V〕で表され, θ がつぎのとき, 電圧 e_1, e_2, e_3 〔V〕を求めなさい。

（1） 60°　（2） 90°　（3） 240°　（4） 270°

ヒント！
$e = 10 \sin \theta$ 〔V〕で θ に角度を代入。

4.1 正弦波交流　57

答　(1) _____　(2) _____
　　(3) _____　(4) _____

■❷　周波数がつぎのとき，交流の周期を求めなさい。
　（1）50 Hz　（2）100 Hz　（3）4 kHz　（4）15 MHz

ヒント！
$f\,[\text{Hz}] = \dfrac{1}{T}\,[\text{s}]$
$1\,\text{k} = 10^3$
$1\,\text{M} = 10^6$

答　(1) _____　(2) _____
　　(3) _____　(4) _____

■❸　周期がつぎのとき，交流の周期を求めなさい。
　（1）0.25 s　（2）4 ms　（3）80 μs　（4）20 ns

ヒント！
$T\,[\text{s}] = \dfrac{1}{f}\,[\text{Hz}]$
$1\,\text{m} = 10^{-3}$
$1\,\mu = 10^{-6}$
$1\,\text{n} = 10^{-9}$

答　(1) _____　(2) _____
　　(3) _____　(4) _____

◆◆◆◆◆　ステップ 3　◆◆◆◆◆

■❶　最大値 $V_m = 50$ V，磁界と導体が作る角度を θ とするとき，つぎの問に答えなさい。
（1）瞬時式 v を求めなさい。
（2）θ が**表 4.1** の値であるとき，v を記入なさい。

ヒント！
$v = V_m \sin\theta\,[\text{V}]$ に
V_m と θ を代入。

表 4.1

θ [°]	0	30	60	90	120	150	180	210	240	270	300	330	360
v [V]				50			0			−50			

答　(1) _____

〔2〕 正弦波交流の取り扱い（1）

トレーニングのポイント

① 交流電圧・電流の表し方
（1） **最大値**　瞬時値のうちで最大の値をいい，量記号に $V_m(E_m)$，I_m を用いる。
（2） **実効値**　交流の電圧・電流について，t 秒間に同じ電力量を消費する直流の電圧・電流に換算した値をいい，量記号に E，V，I を用いる。
（3） **平均値**　瞬時式の正または負の半周期分を平均した値をいい，量記号に E_{av}，V_{av}，I_{av} を用いる。

② 最大値，実効値，平均値の関係

$$V = \frac{1}{\sqrt{2}} V_m, \quad V_{av} = \frac{2}{\pi} V_m, \quad V_m = \sqrt{2}\, V = \frac{\pi}{2} V_{av}$$

電流のときは，上式を I_m，I，I_{av} に置き換える。

◆◆◆◆◆ ステップ 1 ◆◆◆◆◆

☐ **1** つぎの文の（　）に適切な語句や記号，数値を入れなさい。
（1） 瞬時値のうちで最大の値を（　　）①といい，電流の場合，量記号は（　　）②で表す。
（2） 実効値とは，交流の電圧・電流について t 秒間に同じ（　　）①を消費する直流の電圧・電流に換算した値である。
（3） 瞬時式の正または負の（　　）①分を平均した値を平均値という。
（4） 最大値が E_m のとき，実効値は（　　）①，平均値は（　　）②で表すことができる。

◆◆◆◆◆ ステップ 2 ◆◆◆◆◆

☐ **1** つぎに示す実効値の最大値を求めなさい。
（1） 100 V　（2） 5 A　（3） 180 mV　（4） 20 μA

答　（1）＿＿＿＿＿＿　（2）＿＿＿＿＿＿
　　（3）＿＿＿＿＿＿　（4）＿＿＿＿＿＿

ヒント！
$V_m = \sqrt{2}\, V$ 〔V〕
$I_m = \sqrt{2}\, I$ 〔A〕
に代入。

☐ **2** つぎに示す最大値の平均値を求めなさい。
（1） 6 mA　（2） 18 mV　（3） 1.5 A　（4） 100 V

答　（1）＿＿＿＿＿＿　（2）＿＿＿＿＿＿
　　（3）＿＿＿＿＿＿　（4）＿＿＿＿＿＿

ヒント！
$V_{av} = \dfrac{2}{\pi} V_m$
$I_{av} = \dfrac{2}{\pi} I_m$

4.1 正弦波交流

□ **3** $v = 100\sqrt{2}\sin\theta$ 〔V〕の最大値,実効値,平均値を求めなさい。

ヒント! $v = V_m\sin\theta$ 〔V〕から最大値がわかる。

〔答〕最大値＿＿＿＿＿　実効値＿＿＿＿＿　平均値＿＿＿＿＿

◆◆◆◆◆ ステップ 3 ◆◆◆◆◆

□ **1** 図 4.1 は正弦波交流電圧の波形である。つぎの値を求めなさい。

(1) 最大値 E_m 〔V〕
(2) 実効値 E 〔V〕
(3) 平均値 E_{av} 〔V〕
(4) ピークピーク値 E_{pp} 〔V〕
(5) 瞬時式 e 〔V〕

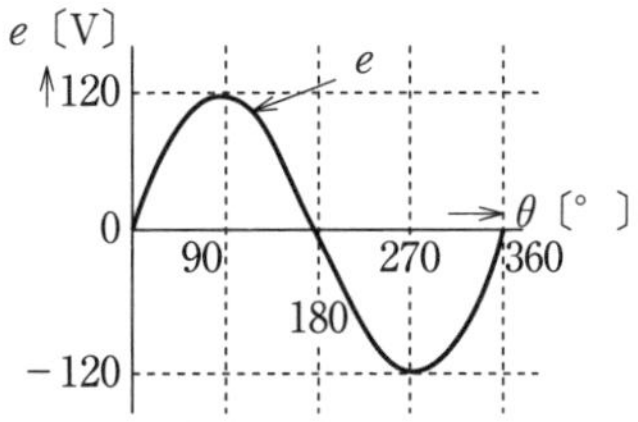

ヒント! ピークピーク値 E_{pp} は,最大値と最小値(負の最大値)との差。

図 4.1

〔答〕 (1)＿＿＿＿＿　(2)＿＿＿＿＿
　　　(3)＿＿＿＿＿　(4)＿＿＿＿＿
　　　(5)＿＿＿＿＿

〔3〕 正弦波交流の取り扱い（2）

トレーニングのポイント

① 度数法と弧度法の関係　$360° = 2\pi$ 〔rad〕　$180° = \pi$ 〔rad〕
② 角周波数と周波数の関係　$\omega = 2\pi f$ 〔rad/s〕
③ 角周波数による瞬時式の表し方　$e = E_m\sin\omega t$ 〔V〕
④ 位相（位相角）　$e = E_m\sin(\omega t - \varphi)$ 〔V〕で表される電圧では,$(\omega t - \varphi)$〔rad〕を位相または位相角という。また,$t = 0$ のときの $-\varphi$〔rad〕を初位相という。
⑤ 位相差　$e = E_m\sin\omega t$〔V〕と $i = I_m\sin(\omega t + \varphi)$〔A〕において,$e$ と i との位相差は φ であり,「i は e より φ〔rad〕位相が進んでいる」という。

◆◆◆◆◆ ステップ 1 ◆◆◆◆◆

□ **1** つぎの文の（　）に適切な語句や記号,数値を入れなさい。

(1) ラジアン〔rad〕は（　　　）①法の単位で,2π〔rad〕＝（　　　）②°で 1 rad ＝（　　　）③°である。

(2) 角速度を周波数で表す方法を（　　　）①といい,量記号に ω を用いる。その単位は（　　　）②である。

(3) $e = 100 \sin \omega t$ 〔V〕と $i = 8 \sin\left(\omega t - \dfrac{\pi}{3}\right)$ 〔A〕で,「i は e より（　　）① 〔rad〕位相が（　　）②」といえる。また，i の初位相は（　　）③ 〔rad〕である。

◆◆◆◆◆ ステップ 2 ◆◆◆◆◆

■❶ 表4.2 を完成させなさい。

表4.2

〔°〕	0			90	120			210	240		360
〔rad〕	0	$\dfrac{\pi}{6}$	$\dfrac{\pi}{3}$			$\dfrac{5}{6}\pi$	π			$\dfrac{3}{2}\pi$	

■❷ $e = 9\sqrt{2} \sin 1000\pi t$ 〔V〕について，つぎの問に答えなさい。

(1) 実効値 E 〔V〕　　(2) 角周波数 ω 〔rad/s〕
(3) 周波数 f 〔Hz〕　　(4) 周期 T 〔ms〕

> ヒント！
> $E = \dfrac{1}{\sqrt{2}} E_m$
> $\omega = 2\pi f t$
> $T = \dfrac{1}{f}$

答 (1) $E =$ ＿＿＿＿＿　(2) $\omega =$ ＿＿＿＿＿
　　(3) $f =$ ＿＿＿＿＿　(4) $T =$ ＿＿＿＿＿

◆◆◆◆◆ ステップ 3 ◆◆◆◆◆

■❶ 実効値 100 V，50 Hz，初位相 $\dfrac{\pi}{4}$ 〔rad〕の正弦波交流電圧の瞬時式 v 〔V〕を求めなさい。

答 $v =$ ＿＿＿＿＿＿＿＿＿＿＿＿＿

■❷ つぎのような電流 i_1, i_2 〔mA〕がある。

$i_1 = 5\sqrt{2} \sin\left(120\pi t - \dfrac{\pi}{4}\right)$ 〔mA〕　　$i_2 = 8\sqrt{2} \sin\left(120\pi t + \dfrac{\pi}{3}\right)$ 〔mA〕

(1) i_1 の角周波数 ω 〔rad/s〕を求めなさい。
(2) i_2 の周波数 f 〔Hz〕を求めなさい。
(3) i_1 の実効値 I_1 〔mA〕を求めなさい。
(4) i_2 の平均値 I_{av2} 〔mA〕を求めなさい。
(5) i_1 と i_2 の位相差を求めなさい。

> ヒント！
> 平均値
> $I_{av} = \dfrac{2}{\pi} I_m$

答 (1) $\omega =$ ＿＿＿＿＿　(2) $f =$ ＿＿＿＿＿
　　(3) $I_1 =$ ＿＿＿　(4) $I_{av2} =$ ＿＿＿　(5) ＿＿＿

4.2 正弦波交流とベクトル

〔1〕 ベクトルとベクトル図

> **トレーニングのポイント**
>
> ① **スカラ量** 時間，温度，容積など，大きさだけで表示できる量
> ② **ベクトル量** 速度，力，磁界など，大きさと向きを持つ量
> ③ **ベクトルとベクトルの記号** 作用する向きに，大きさに比例した長さの線分を描き，先端に矢印を付けて表したもので，$\dot{E}$ のように文字の上に・（ドット）を付けて表す。
> ④ **ベクトル図** $e = \sqrt{2}\,E \sin \omega t$ 〔V〕と $i = \sqrt{2}\,I \sin(\omega t + \varphi)$ 〔A〕のベクトルによる表示（**図 4.2**） 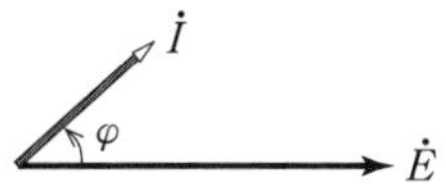
>
> 図 4.2

◆◆◆◆◆ ステップ 1 ◆◆◆◆◆

□ **1** つぎの文の（　　）に適切な語句や記号を入れなさい。

（1） 時間や温度などはその大きさだけを示せばよい。このような量を（　　）①量という。速度，（　　）②，（　　）③などは，大きさだけでなく作用する（　　）④も表示しなければ正しく表せない。このような量を（　　）⑤量という。

（2） ベクトル図は，作用する向きに，（　　）①に比例した長さの線分を描き，先端に矢印を付けて表す。また，量記号の上に（　　）②を付けて，ベクトル量であることを表す。

（3） $e = \sqrt{2}\,E \sin \omega t$ 〔V〕と $i = \sqrt{2}\,I \sin(\omega t + \varphi)$ 〔A〕をベクトルで表す場合，大きさはそれぞれの（　　）①値で，位相の関係は i は e より（　　）②〔rad〕進んでいる。

◆◆◆◆◆ ステップ 2 ◆◆◆◆◆

□ **1** $v_1 = 100\sqrt{2}\sin \omega t$ 〔V〕と $v_2 = 100\sqrt{2}\sin\left(\omega t - \dfrac{\pi}{6}\right)$ 〔V〕の関係をベクトル図で表しなさい。

〔答〕 ベクトル図

$\longrightarrow \dot{V}_1$

ヒント！
1 の v_1 と v_2，**2** の i_1 と i_2 の大きさが等しいことに注意する。
$-\dfrac{\pi}{6}$ は時計方向に進める。

62　4．交 流 回 路

□**2** $i_1 = 7\sqrt{2}\sin\omega t$〔mA〕と $i_2 = 7\sqrt{2}\sin\left(\omega t - \dfrac{3}{4}\pi\right)$〔mA〕の関係をベクトル図で表しなさい。

答　ベクトル図

$\xrightarrow{\hspace{3cm}} \dot{I}_1$

◆◆◆◆◆ ステップ 3 ◆◆◆◆◆

□**1** $v_1 = 6\sqrt{2}\sin\omega t$〔V〕と $v_2 = 6\sqrt{2}\sin\left(\omega t - \dfrac{\pi}{2}\right)$〔V〕の関係をベクトル図で表しなさい。また，ベクトル図からこの二つの電圧の和を求め，瞬時式 v で表しなさい。

答　ベクトル図

$\xrightarrow{\hspace{3cm}} \dot{V}_1$

答　$v = $ _____

〔2〕 ベクトルの表示方法

トレーニングのポイント

① **直交座標表示**　図 4.3（a）において，$\dot{E} = (a, b)$ と表す。
② **極座標表示**　図 4.3（b）において，$\dot{E} = E\angle\varphi$ と表す。

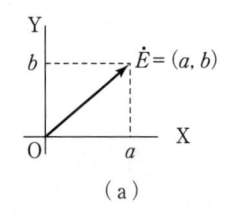

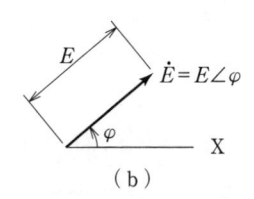

図 4.3

③ **表示形式の変換**　$e = \sqrt{2}\,E\sin(\omega t + \varphi)$〔V〕において

$\dot{E} = E\angle\varphi = (a, b) = (E\cos\varphi, E\sin\varphi)$〔V〕,　$\varphi = \tan^{-1}\dfrac{b}{a}$〔rad〕

◆◆◆◆◆ ステップ 1 ◆◆◆◆◆

□**1** つぎの文の（　）に適切な記号を入れなさい。

（1）$e = \sqrt{2}\,E\sin(\omega t + \varphi)$〔V〕の瞬時式を極座標表示では，$\dot{E} = ($　　　$)^{①}$ と表す。ここ

4.2 正弦波交流とベクトル

で，X軸方向の大きさをa，Y軸方向の大きさをbとすると，$a = ($　　　$)^{②}$，$b = ($　　　$)^{③}$となる。したがって，$\dot{E} = E\angle\varphi = (a, b) = ($　　　　,　　　　$)^{④}$〔V〕と変換できる。

◆◆◆◆◆ ステップ 2 ◆◆◆◆◆

1 つぎの極座標表示されたベクトルの式を直交座標表示で表しなさい。

(1) $\dot{V}_1 = 200\angle\dfrac{\pi}{6}$ 〔V〕　(2) $\dot{I}_1 = 12\angle -\dfrac{\pi}{3}$ 〔A〕

(3) $\dot{V}_2 = 100\angle\dfrac{\pi}{4}$ 〔V〕　(4) $\dot{I}_2 = 16\angle\dfrac{2}{3}\pi$ 〔A〕

ヒント!
$V\angle\varphi = (V\cos\varphi,\ V\sin\varphi)$

〔答〕(1) $\dot{V}_1 =$ _____　(2) $\dot{I}_1 =$ _____
　　(3) $\dot{V}_2 =$ _____　(4) $\dot{I}_2 =$ _____

2 つぎの直交座標表示されたベクトルの式を極座標表示で表しなさい。

(1) $\dot{V}_1 = (200,\ 200)$ 〔V〕　(2) $\dot{I}_1 = (12,\ -16)$ 〔A〕

(3) $\dot{V}_2 = (-100,\ 100\sqrt{3})$ 〔V〕　(4) $\dot{I}_2 = (-5\sqrt{3},\ -5)$ 〔A〕

ヒント!
$\dot{I} = I\angle\varphi$
$I = \sqrt{a^2 + b^2}$
$\varphi = \tan^{-1}\dfrac{b}{a}$

ただし，(3)(4)は三角比から求める。

〔答〕(1) $\dot{V}_1 =$ _____　(2) $\dot{I}_1 =$ _____
　　(3) $\dot{V}_2 =$ _____　(4) $\dot{I}_2 =$ _____

◆◆◆◆◆ ステップ 3 ◆◆◆◆◆

1 つぎの瞬時式を極座標表示で表し，ベクトル図を作図しなさい。

(1) $v_1 = 45\sqrt{2}\sin\omega t$ 〔V〕　〔答〕(1) $\dot{V}_1 =$ _____

(2) $v_2 = 18\sin\left(\omega t - \dfrac{\pi}{6}\right)$ 〔V〕　(2) $\dot{V}_2 =$ _____

(3) $i_1 = 17\sqrt{2}\sin\left(\omega t - \dfrac{\pi}{4}\right)$ 〔A〕　(3) $\dot{I}_1 =$ _____

(4) $i_2 = 5\sin\left(\omega t + \dfrac{\pi}{3}\right)$ 〔A〕　(4) $\dot{I}_2 =$ _____

ヒント!
ベクトル図は図4.3(b)参照
ベクトルは実効値で表す。
$V = \dfrac{1}{\sqrt{2}}V_m$

ベクトル図

(1)　　(2)　　(3)　　(4)

ベクトル図中の基線は，基準ベクトルとして利用する。

4. 交流回路

□ **2** つぎの瞬時式を直交座標表示で表し，ベクトル図を作図しなさい。

(1) $v_1 = 5\sqrt{2}\sin\omega t$ 〔V〕

(2) $v_2 = 100\sqrt{2}\sin(\omega t - 120°)$ 〔V〕

(3) $i_1 = 25\sin\left(\omega t + \dfrac{3}{2}\pi\right)$ 〔A〕

(4) $i_2 = 3\sqrt{2}\sin\left(\omega t + \dfrac{\pi}{4}\right)$ 〔A〕

ヒント！
ベクトル図は図4.3(a)参照

〔答〕 (1) $\dot{V}_1 =$ _____   (2) $\dot{V}_2 =$ _____
(3) $\dot{I}_1 =$ _____   (4) $\dot{I}_2 =$ _____

ベクトル図

(1)   (2)   (3)   (4)

□ **3** つぎの電圧，電流について，いずれかを基準にしたときのベクトルの式を極座標表示で求めなさい。また，その関係をベクトル図に表しなさい。

$$e = 100\sqrt{2}\sin\left(\omega t + \dfrac{\pi}{3}\right) \text{〔V〕}$$

$$i = 4\sqrt{2}\sin\left(\omega t + \dfrac{\pi}{6}\right) \text{〔A〕}$$

ヒント！
e と i の位相差を求める。

$\dot{E}$ と $\dot{I}$ を同一のベクトル図上に描くとき，その位相関係を表すもので，E と I の大きさは比較する対象にならない。

〔答〕 $\dot{E} =$ _____ $\angle 0°$ 〔V〕 → $\dot{I} =$ _____ $\angle$ _____ 〔A〕

$\dot{I} =$ _____ $\angle 0°$ 〔A〕 → $\dot{E} =$ _____ $\angle$ _____ 〔V〕

ベクトル図

⟶ $\dot{E}$

⟶ $\dot{I}$

4.3 交流回路の計算

〔1〕 R, L, C だけの基本回路

トレーニングのポイント

電源電圧 e〔V〕と等しい下記の正弦波交流電圧が加えられたとき
$$v = \sqrt{2}\, V \sin \omega t \text{〔V〕} \quad ただし \quad \omega = 2\pi f \text{〔rad/s〕}$$

① 抵抗 R だけの回路
$$I = \frac{V}{R} \text{〔A〕}, \quad i = \sqrt{2}\, I \sin \omega t \text{〔A〕}$$

② インダクタンス L だけの回路

誘導リアクタンス $X_L = \omega L = 2\pi f L$ 〔Ω〕
$$I = \frac{V}{X_L} = \frac{V}{2\pi f L} \text{〔A〕}, \quad i = \sqrt{2}\, I \sin\left(\omega t - \frac{\pi}{2}\right) \text{〔A〕}$$

③ 静電容量 C だけの回路

容量リアクタンス $X_C = \dfrac{1}{\omega C} = \dfrac{1}{2\pi f C}$ 〔Ω〕
$$I = \frac{V}{X_C} = \frac{V}{\dfrac{1}{2\pi f C}} = 2\pi f C V \text{〔A〕}$$

$$i = \sqrt{2}\, I \sin\left(\omega t + \frac{\pi}{2}\right) \text{〔A〕}$$

◆◆◆◆◆ **ステップ 1** ◆◆◆◆◆

□ **1** つぎの文の（　　）に適切な語句や記号，数値を入れなさい。

（1） 抵抗 R〔Ω〕だけの回路に交流電圧 $\dot{V}$〔V〕を加えると，電圧と（　　）①の電流が流れ，その大きさは $I=$（　　）②〔A〕となる。

（2） インダクタンス L〔H〕に交流電圧 $\dot{V}$〔V〕を加えると，電流 $\dot{I}$ は $\dot{V}$ より（　　）①〔rad〕だけ位相が（　　）②。

（3） 静電容量 C〔F〕に交流電圧 $\dot{V}$〔V〕を加えると，電流 $\dot{I}$ は $\dot{V}$ より（　　）①〔rad〕だけ位相が（　　）②。

◆◆◆◆◆ ステップ 2 ◆◆◆◆◆

□ **1** $R=25\,\Omega$ の抵抗に $f=50\,\text{Hz}$, $V=100\,\text{V}$ の交流電圧を加えたとき，流れる電流 I は何〔A〕か。また，電圧と電流の関係をベクトル図に表しなさい。

答 $I=$＿＿＿＿＿＿　　ベクトル図

$\longrightarrow \dot{V}$

□ **2** $L=0.04\,\text{H}$ のコイルに $f=50\,\text{Hz}$, $V=100\,\text{V}$ の交流電圧を加えたとき，誘導リアクタンス X_L〔Ω〕と，流れる電流 I〔A〕を求めなさい。また，電圧と電流の関係をベクトル図に表しなさい。

答 $X_L=$＿＿＿＿＿　　$I=$＿＿＿＿＿　　ベクトル図

$\longrightarrow \dot{V}$

□ **3** $C=100\,\mu\text{F}$ のコンデンサに $f=60\,\text{Hz}$, $V=100\,\text{V}$ の交流電圧を加えたとき，容量リアクタンス X_C〔Ω〕と流れる電流 I〔A〕を求めなさい。また，電圧と電流の関係をベクトル図に表しなさい。

答 $X_C=$＿＿＿＿＿　　$I=$＿＿＿＿＿　　ベクトル図

$\longrightarrow \dot{V}$

ステップ 3

1 $C=1\,\mu\text{F}$ のコンデンサに $v=100\sqrt{2}\sin 100\pi t\,[\text{V}]$ の電圧を加えたとき，つぎの問に答えなさい。

(1) この回路に使われる電源の周波数 $f\,[\text{Hz}]$
(2) 容量リアクタンス $X_C\,[\text{k}\Omega]$
(3) 回路と流れる電流 $I\,[\text{mA}]$
(4) 電流の瞬時式 $i\,[\text{mA}]$
(5) $\dot{V}$ を基準とする $\dot{I}$ のベクトル図

[答] (1) $f=$_____ (2) $X_C=$_____ (3) $I=$_____
(4) $i=$_____
(5) ベクトル図

$\longrightarrow \dot{V}$

2 $L=0.5\,\text{H}$ のコイルに，交流電圧 $V=12\,\text{V}$ を加えたところ，電流 $I=10\,\text{mA}$ が流れた。誘導リアクタンス $X_L\,[\text{k}\Omega]$ と電源の周波数 $f\,[\text{Hz}]$ を求めなさい。

[答] $X_L=$_____ $f=$_____

3 コンデンサ C に $f=1\,\text{kHz}$，$V=5\,\text{V}$ の交流電圧を加えたところ，電流 $I=2\,\text{A}$ が流れた。容量リアクタンス $X_C\,[\Omega]$ と静電容量 $C\,[\mu\text{F}]$ の値を求めなさい。

[答] $X_C=$_____ $C=$_____

〔2〕 *R, L, C* 直列回路

トレーニングのポイント

① **R-L 直列回路**

$$Z = \sqrt{R^2 + X_L^2} \ [\Omega], \quad I = \frac{V}{Z} = \frac{V}{\sqrt{R^2 + X_L^2}} \ [A], \quad \varphi = \tan^{-1}\frac{X_L}{R}$$

② **R-C 直列回路**

$$Z = \sqrt{R^2 + X_C^2} \ [\Omega], \quad I = \frac{V}{Z} = \frac{V}{\sqrt{R^2 + X_C^2}} \ [A], \quad \varphi = \tan^{-1}\frac{X_C}{R}$$

③ **R-L-C 直列回路** ($X_L > X_C$ のとき)

$$Z = \sqrt{R^2 + (X_L - X_C)^2} \ [\Omega], \quad I = \frac{V}{Z} = \frac{V}{\sqrt{R^2 + (X_L - X_C)^2}} \ [A], \quad \varphi = \tan^{-1}\frac{X_L - X_C}{R}$$

◇◇◇◇◇ ステップ 1 ◇◇◇◇◇

□**1** つぎの文の（　）に適切な語句や記号を入れなさい。

(1) *R-L* 直列回路は（　　）①性で電流が（　　）②より（　　）③位相となり，インピーダンスは次式で表される。*Z* =（　　　　　）④ [Ω]

(2) *R-C* 直列回路は（　　）①性で電流が（　　）②より（　　）③位相となり，インピーダンスは次式で表される。*Z* =（　　　　　）④ [Ω]

(3) *R-L* 直列回路，*R-C* 直列回路において，電圧と電流の位相差θはそれぞれ（　　　　）①，（　　　　　）②で求める。

□**2** 図4.4 (a) の *R-L-C* 直列回路において，（　）に適切な語句や記号を入れなさい。

(1) 図4.4 (b) から $X_L > X_C$ の回路では，*I* は *V* より φ だけ位相が（　　　）①。回路の性質は，（　　）②性となる。このとき，合成リアクタンス *X* は（　　　　）③で求められ，この結果インピーダンス *Z* は（　　　　　　）④となる。

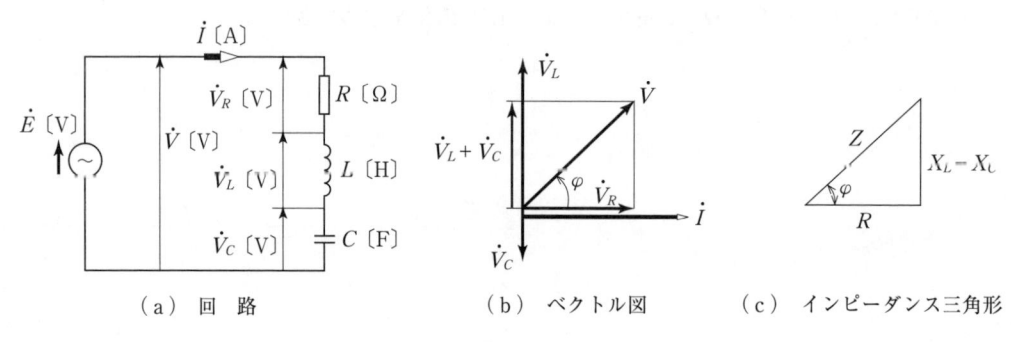

(a) 回路　　　(b) ベクトル図　　　(c) インピーダンス三角形

図 4.4

(2) 図4.4(c)は，抵抗，合成リアクタンスとインピーダンスの関係から位相関係を求める図で，(　　　　　　　)①という。

◆◆◆◆◆ **ステップ 2** ◆◆◆◆◆

□**1** $R=9\,\Omega$, $X_L=12\,\Omega$ の直列回路に交流電圧 $V=100\,\mathrm{V}$ を加えた。インピーダンス Z, 電流 I, および I と V との位相差 φ 〔°〕を求めなさい。

ヒント!
$Z=\sqrt{R^2+X_L^2}$
$\varphi=\tan^{-1}\dfrac{X_L}{R}$

答 $Z=$　　　　　　$I=$　　　　　　$\varphi=$　　　　　

□**2** $R=20\,\Omega$, $X_C=16\,\Omega$ の直列回路に交流電圧 $V=120\,\mathrm{V}$ を加えた。インピーダンス Z, 電流 I, および I と V との位相差 φ 〔°〕を求めなさい。

ヒント!
$Z=\sqrt{R^2+X_C^2}$
$\varphi=\tan^{-1}\dfrac{X_C}{R}$

答 $Z=$　　　　　　$I=$　　　　　　$\varphi=$　　　　　

□**3** $R=8\,\Omega$, $X_L=12\,\Omega$, $X_C=6\,\Omega$ の直列回路に，交流電圧 $V=120\,\mathrm{V}$ を加えた。つぎの問に答えなさい。

(1) 合成リアクタンス X 〔Ω〕はいくらか。
(2) インピーダンス Z 〔Ω〕はいくらか。
(3) 電流 I 〔A〕はいくらか。
(4) V, I の位相差 φ 〔°〕を求めなさい。

ヒント!
$X=X_L-X_C$
$Z=\sqrt{R^2+(X_L-X_C)^2}$
$\varphi=\tan^{-1}\dfrac{X_L-X_C}{R}$

答 (1) $X=$　　　　　　(2) $Z=$　　　　　
　　(3) $I=$　　　　　　(4) $\varphi=$　　　　　

◆◆◆◆◆ **ステップ 3** ◆◆◆◆◆

□**1** $R=4\,\mathrm{k\Omega}$, $L=10\,\mathrm{mH}$ の直列回路に，$f=20\,\mathrm{kHz}$, $V=6\,\mathrm{V}$ の交流電圧を加えた。つぎの問に答えなさい。

(1) 誘導リアクタンス X_L 〔kΩ〕はいくらか。
(2) インピーダンス Z 〔kΩ〕はいくらか。
(3) 電流 I 〔mA〕はいくらか。
(4) 電流と電圧の位相差 φ 〔°〕はいくらか。

ヒント!
$X_L=2\pi fL$

70   4. 交 流 回 路

（5）電流 $\dot{I}$ を基準にして，R の両端の電圧 $\dot{V}_R$，$\dot{X}_L$ の両端の電圧 $\dot{V}_L$，電圧 $\dot{V}$，φ をベクトル図に描きなさい。

【答】（1）$X_L =$ _____ （2）$Z =$ _____
　　　（3）$I =$ _____ （4）$\varphi =$ _____
　　　（5）ベクトル図

――――→ $\dot{I}$

□ **2** 図 4.5 において，スイッチが a 側のとき $I_a = 1\,\text{A}$ であった。b 側にしたとき流れる電流 $I_b\,[\text{A}]$ を求めなさい。

ヒント！ R_0 を求める。

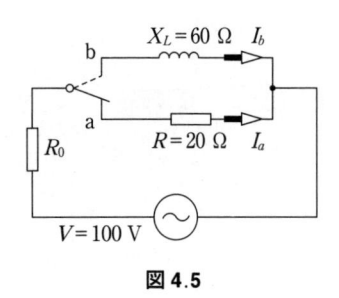

図 4.5

【答】$I_b =$ _____

□ **3** 図 4.6 の回路で R，X_L，X_C，V を求めなさい。また，電源の周波数 f が 2.4 kHz であるとき，L と C の値を求めなさい。

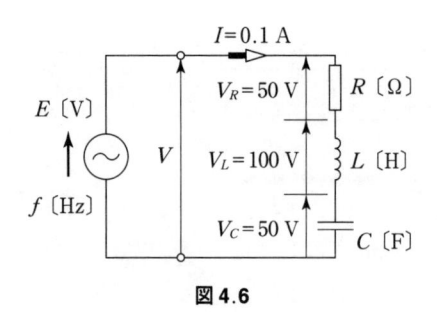

図 4.6

【答】$R =$ _____　$X_L =$ _____　$X_C =$ _____
　　　$V =$ _____　$L =$ _____　$C =$ _____

〔3〕 *R*, *L*, *C* 並列回路

トレーニングのポイント

① *R-L* 並列回路

$$I_R = \frac{V}{R} \text{ [A]}, \quad I_L = \frac{V}{X_L} \text{ [A]}, \quad I = \sqrt{I_R^2 + I_L^2} \text{ [A]}$$

$$Z = \frac{RX_L}{\sqrt{R^2 + X_L^2}} \text{ [Ω]}, \quad \varphi = \tan^{-1} \frac{I_L}{I_R} = \tan^{-1} \frac{R}{X_L}$$

② *R-C* 並列回路

$$I_R = \frac{V}{R} \text{ [A]}, \quad I_C = \frac{V}{X_C} \text{ [A]}, \quad I = \sqrt{I_R^2 + I_C^2} \text{ [A]}$$

$$Z = \frac{RX_C}{\sqrt{R^2 + X_C^2}} \text{ [Ω]}, \quad \varphi = \tan^{-1} \frac{I_C}{I_R} = \tan^{-1} \frac{R}{X_C}$$

③ *R-L-C* 並列回路 ($X_L < X_C$ のとき)

$$I_R = \frac{V}{R} \text{ [A]}, \quad I_L = \frac{V}{X_L} \text{ [A]}, \quad I_C = \frac{V}{X_C} \text{ [A]}, \quad I = \sqrt{I_R^2 + (I_L - I_C)^2} \text{ [A]}$$

$$Z = \frac{V}{I} \text{ [Ω]}, \quad \varphi = \tan^{-1} \frac{I_L - I_C}{I_R}$$

◆◆◆◆◆ ステップ 1 ◆◆◆◆◆

□ **1** つぎの文の（　　）に適切な語句や記号，数値を入れなさい。

(1) *R-L* 並列回路において，電圧 $\dot{V}$ を基準にして，*R* を流れる電流 $\dot{I}_R$，*L* を流れる電流 $\dot{I}_L$，電源を流れる電流 $\dot{I}$ の位相関係を考える。$\dot{V}$ に対して $\dot{I}_R$ は（　　）①で，$\dot{I}_L$ は（　　）②遅れる。

(2) これより *R-L* 並列回路では $\dot{I}$ は（　　）①となり，その大きさ *I* =（　　）②と表される。

□ **2** つぎの文の（　　）に適切な語句や記号を入れなさい。

(1) **図 4.7**(b) から $\dot{I}$ は，$\dot{V}$ より位相が（　　）①いるので，回路の性質は（　　）②である。

(2) このことから I_L と I_C の大きさの関係は（　　＞　　）①と表すことができる。

(3) (2) から，X_L と X_C の大きさの関係は（　　＞　　）①となる。

(4) *I* と φ は，I_R，I_L，I_C を用いて表すと，*I* =（　　）①，φ =（　　）②となる。

72　4. 交 流 回 路

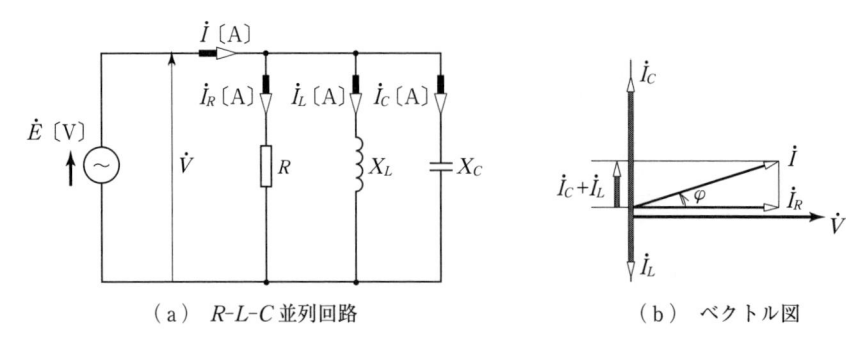

(a) R-L-C 並列回路

(b) ベクトル図

図 4.7

◆◆◆◆◆ **ステップ 2** ◆◆◆◆◆

□**1** $R-L$ 並列回路において，$R=12\,\Omega$，$X_L=5\,\Omega$ で，電源電圧が $\dot{V}=120\,\mathrm{V}$ のとき，R に流れる電流 I_R [A]，X_L に流れる電流 I_L [A]，電源を流れる電流 I [A] およびインピーダンス Z [Ω] を求めなさい。また，$\dot{V}$ と $\dot{I}$ の位相差 φ [°] を求めなさい。

ヒント！
$I=\sqrt{I_R^2+I_L^2}$
$\varphi=\tan^{-1}\dfrac{I_L}{I_R}$

答　$I_R=$ _____　　$I_L=$ _____
　　$I=$ _____　　$Z=$ _____
　　$\varphi=$ _____

□**2** $R-C$ 並列回路において，$R=12\,\Omega$，$X_C=16\,\Omega$ で，電源電圧が $\dot{V}=120\,\mathrm{V}$ のとき，R に流れる電流 I_R [A]，X_C に流れる電流 I_C [A]，電源に流れる電流 I [A] およびインピーダンス Z [Ω] を求めなさい。また，$\dot{V}$ と $\dot{I}$ の位相差 φ [°] を求めなさい。

ヒント！
$I=\sqrt{I_R^2+I_C^2}$
$\varphi=\tan^{-1}\dfrac{I_C}{I_R}$

答　$I_R=$ _____　　$I_C=$ _____
　　$I=$ _____　　$Z=$ _____
　　$\varphi=$ _____

□**3** $R-L-C$ 並列回路において，$R=15\,\Omega$，$X_L=12\,\Omega$，$X_C=30\,\Omega$ で，電源電圧が $\dot{V}=120\,\mathrm{V}$ のとき，R に流れる電流 I_R [A]，X_L に流れる電流 I_L [A]，X_C に流れる電流 I_C [A]，電源に流れる電流 I [A] およびインピーダンス Z [Ω] を求めなさい。また，$\dot{V}$ と $\dot{I}$ の位相差 φ [°]

を求めなさい。

ヒント！

$$I = \sqrt{I_R^2 + (I_L - I_C)^2}$$

$$\varphi = \tan^{-1} \frac{I_L - I_C}{I_R}$$

[答] $I_R =$ _____ $I_L =$ _____

　　$I_C =$ _____ $I =$ _____

　　$Z =$ _____ $\varphi =$ _____

◆◆◆◆◆ ステップ 3 ◆◆◆◆◆

□ **1** 図 4.8 の回路において，つぎの問に答えなさい。

ヒント！

$$X_L = 2\pi f L$$

$$\varphi = \tan^{-1} \frac{I_L}{I_R}$$

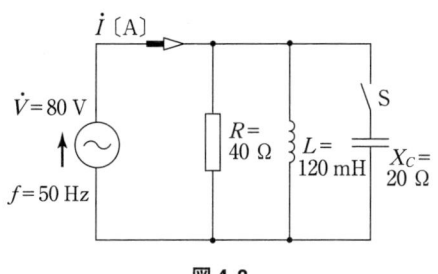

$\dot{I}$ 〔A〕

$\dot{V} = 80$ V

$f = 50$ Hz

$R = 40\ \Omega$　$L = 120$ mH　$X_C = 20\ \Omega$

図 4.8

（1）スイッチ S が開いているとき

　（a）コイル L の誘導リアクタンス X_L 〔Ω〕を求めなさい。

　（b）回路に流れる電流 I と，$\dot{V}$ と $\dot{I}$ の位相差 φ 〔°〕を求めなさい。

（2）スイッチ S が閉じているとき

　（a）コンデンサ C に流れる電流 I_C 〔A〕を求めなさい。

　（b）回路に流れる電流 I 〔A〕と，$\dot{V}$ と $\dot{I}$ の位相差 φ 〔°〕を求めなさい。

ヒント！

$$\varphi = \tan^{-1} \frac{I_L - I_C}{I_R}$$

[答] （1）（a）$X_L =$ _____

　　　　（b）$I =$ _____　　$\varphi =$ _____

　　（2）（a）$I_C =$ _____

　　　　（b）$I =$ _____　　$\varphi =$ _____

〔4〕 共振回路

トレーニングのポイント

① **共振条件と共振周波数**

$$\omega L = \frac{1}{\omega C}, \quad f_0 = \frac{1}{2\pi\sqrt{LC}} \text{ [Hz]}$$

② **直列共振** $R\text{-}L\text{-}C$ 直列回路で

$$V = \sqrt{V_R^2 + (V_L - V_C)^2}$$

共振時は $X_L = X_C$ であることから

$$V = V_R = RI$$

このときのインピーダンス $Z = R$ 〔Ω〕

③ **並列共振** $R\text{-}L\text{-}C$ 並列回路で

$$I = \sqrt{I_R^2 + (I_L - I_C)^2}$$

共振時は $X_L = X_C$ であることから

$$I = I_R = \frac{V}{I}$$

このときのインピーダンス $Z = R$ 〔Ω〕

ステップ 1

1 つぎの文の（　）に適切な語句や記号，数値を入れなさい。

(1) L と C を含んだ回路で周波数 f を可変していくと，$X_L = X_C$ つまり，（　　　）①＝（　　　）② になる周波数がある。このことを共振条件といい，そのときの周波数 f_0 を（　　　）③ という。

(2) $R\text{-}L\text{-}C$ 直列回路において，共振時に V_L と V_C の位相が（　　　）① 〔rad〕ずれていて，大きさが等しく打ち消し合うため，$V =$（　　　）② となる。このことから，インピーダンス $Z =$（　　　）③ となる。$R\text{-}L\text{-}C$ 直列回路では，共振時にリアクタンスが 0 Ω となるので，インピーダンス Z は（　　　）④ となる。

(3) $R\text{-}L\text{-}C$ 並列回路において，共振時に I_L と I_C の位相が（　　　）① 〔rad〕ずれていて，大きさが等しく打ち消し合うため，$I =$（　　　）② となる。このことから，インピーダンス $Z =$（　　　）③ となる。$R\text{-}L\text{-}C$ 並列回路では，共振時にリアクタンスに流れる電流が 0 A となるので，電流 I は（　　　）④ となる。

◆◆◆◆◆ ステップ 2 ◆◆◆◆◆

例題 1

R-L-C 直列回路について，つぎの問に答えなさい。

(1) $L=1$ mH，$C=2.54$ nF とするとき，共振周波数 f_0 [kHz] はいくらか。

(2) $C=12.7$ nF のとき $f_0=10$ kHz に共振させるには，L [mH] の値はいくらか。

解答

(1) $f_0 = \dfrac{1}{2\pi\sqrt{LC}} = \dfrac{1}{2\pi\sqrt{1\times 10^{-3}\times 2.54\times 10^{-9}}} = 9.99\times 10^4$ Hz $= 99.9$ kHz

(2) 共振条件 $2\pi fL = \dfrac{1}{2\pi fC}$ から

$L = \dfrac{1}{4\pi^2 f^2 C} = \dfrac{1}{4\pi^2 \times (10\times 10^3)^2 \times 12.7\times 10^{-9}} = 2\times 10^{-2}$ H $= 20$ mH

□ **1** 電源電圧 $V=10$ V，$R=10$ Ω，$L=10$ mH，$C=1$ nF が直列に接続されるとき，共振周波数 f_0 [kHz] と共振時に流れる電流 I_0 [A] を求めなさい。また，このときの各部の電圧 V_R [V]，V_L [kV]，V_C [kV] を求めなさい。

ヒント!
$V = \sqrt{V_R^2 + (V_L - V_C)^2}$

答 $f_0 =$ _____ $I_0 =$ _____
$V_R =$ _____ $V_L =$ _____ $V_C =$ _____

□ **2** 電源電圧 $V=10$ V，$R=10$ Ω，$L=2$ mH，$C=150$ pF が並列に接続されるとき，共振周波数 f_0 [kHz] と共振時に回路を流れる電流 I_0 [A] および各部を流れる電流 I_R [A]，I_L [mA]，I_C [mA] を求めなさい。

ヒント!
$I_0 = \sqrt{I_R^2 + (I_L - I_C)^2}$

答 $f_0 =$ _____ $I_R =$ _____
$I_L =$ _____ $I_C =$ _____ $I_0 =$ _____

ステップ 3

□ **1** 図 4.9 において可変コンデンサを調整して共振させたい。C の静電容量 C〔pF〕を求めなさい。また，共振時の I_R〔A〕，I_L〔mA〕，I_C〔mA〕，I_0〔A〕を求めなさい。

ヒント!
共振条件
$\omega L = \dfrac{1}{\omega C}$ から $C=$ の形に式を変形。

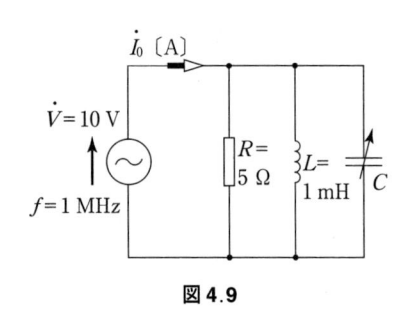

図 4.9

答　$C=$ _____　　$I_R=$ _____
　　$I_L=$ _____　　$I_C=$ _____　　$I_0=$ _____

4.4 交流電力

トレーニングのポイント

① 抵抗 R だけの回路の電力

$$P = VI = RI^2 = \frac{V^2}{R} \ \text{[W]}$$

② インダクタンス L だけ，または静電容量 C だけの回路の電力

$$P = (VI \sin 2\omega t) \text{ の平均} = 0$$

③ インピーダンス Z の回路の電力

$$P = V_R I = VI \cos \varphi \ \text{[W]}$$

④ いろいろな電力と力率

皮相電力　　　　　$P_s = VI$ 〔V・A〕

有効電力（電力）　$P = VI \cos \varphi$ 〔W〕

無効電力　　　　　$P_q = VI \sin \varphi$ 〔var〕

力率　　　　　　　$\cos \varphi = \dfrac{P}{P_s} = \dfrac{VI \cos \varphi}{VI}$ 　　（百分率で表すことも多い）

無効率　　　　　　$\sin \varphi = \dfrac{P_q}{P_s} = \dfrac{VI \sin \varphi}{VI}$

皮相電力，有効電力，無効電力の関係　　$P = \sqrt{P_s^2 - P_q^2}$

◆◆◆◆◆ ステップ 1 ◆◆◆◆◆

1 つぎの文の（　）に適切な語句や記号を入れなさい。

(1) 電力について，抵抗だけの回路では，直流のように，$P = ($ 　　　$)^①=($ 　　　$)^②=($ 　　　$)^③$ で求めることができる。

(2) インダクタンスや静電容量だけの回路では，瞬時電力 $p = VI \sin 2\omega t$ の平均をとると，（　　　$)^①$ となり，ここでは消費しないことがわかる。

(3) インピーダンス Z の回路では，電圧と電流の同相な成分で消費し，位相が $\dfrac{\pi}{2}$ 〔rad〕ずれた部分では消費しない。ことから，$P = ($ 　　　$)^①$ で求めることができる。

(4) 交流回路では電力を表すのに，有効電力（電力）P のほか，（　　　$)^①$，（　　　$)^②$ の3通りがある。

(5) 図 **4.10** (a) のようなインピーダンス Z が R と L の直列回路を考える。電圧に対して

4. 交 流 回 路

電流は φ だけ（　　　　）①。電流を電圧と同相な成分（有効分）と $\frac{\pi}{2}$ 〔rad〕ずれた成分（無効分）に分けて考える。I と φ を用いて有効分，無効分を表すと，それぞれ（　　　）②，（　　　　）③となる。

(6) 電圧と電流の有効分との積を有効電力といい，$P=($　　　　$)$①と表し，単位に（　　　）②，単位記号に（　　　）③を用いる。一方，電圧と電流の無効分との積を無効電力といい，$P_q=($　　　　$)$④で表し，単位に（　　　）⑤，単位記号に（　　　）⑥を用いる。

(7) 電圧と電流の絶対値の積を皮相電力といい，$P_s=VI$ と表し，単位に（　　　　）①，単位記号に（　　　）②を用いる。

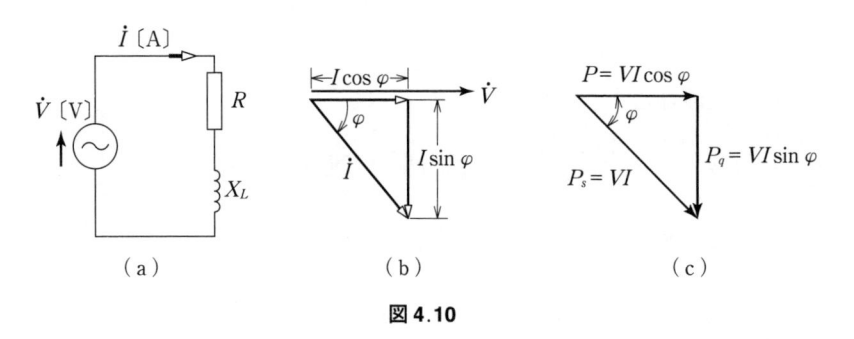

(8) 図4.10は電力三角形と三つの電力の関係を表している。P を P_s と P_q を用いて表すと，（　　　　　　）①となり，φ を P_s と P を用いて表すと（　　　　　　）②となる。

図 4.10

◆◆◆◆◆ ステップ 2 ◆◆◆◆◆

□ **1** $R=15\,\Omega$，$X_L=12\,\Omega$ の直列回路に，交流電圧 $V=100\,\text{V}$ を加えた。回路の力率 $\cos\varphi$，皮相電力 P_s〔V·A〕，消費電力 P〔W〕，無効電力 P_q〔var〕を求めなさい。

ヒント!
$\cos\varphi = \dfrac{R}{Z}$
$\sin\varphi = \dfrac{X_L}{Z}$
$P_s = VI$ 〔V·A〕
$P = VI\cos\varphi$ 〔W〕
$P_q = VI\sin\varphi$ 〔var〕

答 $\cos\varphi=$　　　　　$P_s=$　　　　

$P=$　　　　　$P_q=$　　　　

□ **2** $R=9\,\Omega$，$X_L=6\,\Omega$ の直列回路に，交流電圧 V を加えたら，電流 $I=8\,\text{A}$ が流れた。回路の電圧 V〔V〕，力率 $\cos\varphi$，有効電力 P〔W〕を求めなさい。

答 $V=$　　　　　$\cos\varphi=$　　　　

$P=$

4.4 交流電力

□ **3** R–L 並列回路の電源電圧 $V=120$ V, $R=30$ Ω, $X_L=40$ Ω のとき，電源を流れる電流 I 〔A〕と力率 $\cos\varphi$，有効電力 P〔W〕を求めなさい。

ヒント！
I_R, I_L を求める。
電源との位相差 φ は
$$\varphi = \tan^{-1}\frac{I_L}{I_R}$$
から，$\cos\varphi$, P を求める。

答 $I=$＿＿＿＿＿　$\cos\varphi=$＿＿＿＿＿

$P=$＿＿＿＿＿

◆◆◆◆◆ ステップ 3 ◆◆◆◆◆

□ **1** 図 4.11 の回路に $V=100$ V の電圧を加えたとき，力率 $\cos\varphi$，皮相電力 P_s〔kV·A〕，消費電力 P〔W〕，無効電力 P_q〔var〕を求めなさい。

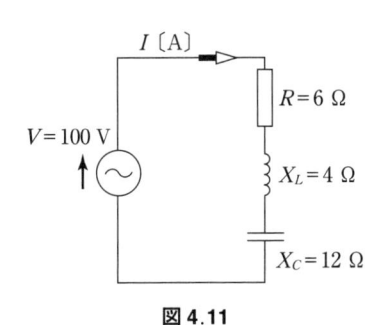

ヒント！
$X=X_C-X_L$
$Z=\sqrt{R^2+X^2}$
$\cos\varphi=\dfrac{R}{Z}$
$\sin\varphi=\dfrac{X}{Z}$
としてそれぞれ求める。

図 4.11

答 $\cos\varphi=$＿＿＿＿＿　$P_s=$＿＿＿＿＿

$P=$＿＿＿＿＿　$P_q=$＿＿＿＿＿

□ **2** あるコイルに直流電圧 $V_d=100$ V を加えると，$P_d=1\,250$ W を消費し，交流 $V_a=100$ V を加えたら $P_a=800$ W を消費するという。コイルの抵抗 R〔Ω〕と誘導リアクタンス X_L〔Ω〕を求めなさい。

ヒント！
直流電圧から I_d は
$$I_d=\frac{P_d}{V_d}$$
$$R=\frac{V_d}{I_d}$$
交流電圧から有効電力は抵抗でしか消費しないので，$P_a=RI_a^2$ から I_a を求める。
$$Z=\frac{V_a}{I_a}$$
$$X_L=\sqrt{Z^2-R^2}$$
として求める。

答 $R=$＿＿＿＿＿　$X_L=$＿＿＿＿＿

ステップの解答

1. 直流回路

1.1 直流回路の電流と電圧
ステップ 1

1 (1) ① 電源 ② 負荷
(2) ① 電荷 ② 正 ③ 負 ④ 反発 ⑤ 吸引
(3) ① 原子核 ② 電子 ③ 正 ④ 負 ⑤ 中性
(4) ① 高 ② 低 ③ 電位差 ④ 電圧
(5) ① にくさ ② 抵抗
(6) ① 比例 ② 反比例 ③ オーム ④ $\dfrac{V}{R}$ ⑤ RI ⑥ $\dfrac{V}{I}$

2 ① Q ② C ③ クーロン ④ V ⑤ V ⑥ ボルト ⑦ I ⑧ A ⑨ アンペア ⑩ E ⑪ V ⑫ ボルト ⑬ R ⑭ Ω ⑮ オーム

3 (1) 0.03 (2) 1.3 (3) −4 (4) 30 (5) 30 (6) 5 (7) 4 (8) 320 (9) 6 (10) −1

ステップ 2

1 $I = 3$ A **2** $t = 40$ s

3 $Q = 20$ C，電子の数 $= 1.25 \times 10^{20}$ 個

4 (1) $V_1 = 4.5$ V, $V_2 = 3$ V, $V_3 = 0$ V, $V_4 = -1.5$ V
(2) $V_{13} = 4.5$ V, $V_{14} = 6$ V, $V_{24} = 4.5$ V

5 (1) $I_1 = 0.1$ A (2) $I_2 = 0.02$ A (3) $I_3 = 2$ A (4) $I_4 = 40$ A

6 (1) $R_1 = 200$ kΩ (2) $R_2 = 500$ Ω (3) $R_3 = 2$ Ω (4) $R_4 = 0.25$ Ω

7 (1) $V_1 = 0.01$ V (2) $V_2 = 6.25$ V (3) $V_3 = 150$ V (4) $V_4 = 2.5$ kV

ステップ 3

1 (1) $V_1 = 10$ V (2) $V_2 = 15$ V (3) $V_3 = 5$ V

1.2 抵抗の接続
ステップ 1

1 (1) ① 和 ② 各抵抗
(2) ① 逆数 ② 逆数 ③ 各抵抗の逆数
(3) ① 逆数 ② G ③ ジーメンス ④ S

ステップ 2

1 $R_0 = 60$ Ω **2** $R_0 = 4.8$ kΩ

3 $I_0 = 2$ A, $V_1 = 6$ V, $V_2 = 30$ V

4 $R_0 = 12$ Ω

5 (1) $R_0 = 2.4$ Ω
(2) $I_1 = 4$ A, $I_2 = 6$ A, $I_0 = 10$ A

ステップ 3

1 (a) $R_0 = 10$ Ω (b) $R_0 = 5$ Ω (c) $R_0 = 5$ Ω (d) $R_0 = 7$ Ω

2 $R_{01} = 2.7$ kΩ, $R_{02} = 12$ Ω

3 (1) $V_1 = 60$ V (2) $I_0 = 3$ A (3) $R_2 = 25$ Ω, $R_0 = 45$ Ω

4 (1) $R_2 = 400$ Ω
(2) $I_1 = 1$ A, $I_2 = 0.25$ A, $I_0 = 1.25$ A

5 (1) $R_0 = 40$ Ω (2) $V_{12} = 12$ V

6 (1) $I_3 = 0.5$ A (2) $V_2 = 30$ V (3) $I_2 = 0.75$ A, $I_0 = 1.25$ A (4) $V_0 = 80$ V

1.3 直流回路の計算
ステップ 1

1 (1) ① V ② V_v ③ $m-1$ ④ 直列抵抗 ⑤ 直列
(2) ① I ② I_a ③ $\dfrac{1}{m-1}$ ④ 分流 ⑤ 並列
(3) ① 零 ② 平衡 ③ R_1 ④ R_3 ⑤ R_2 ⑥ R_4 ⑦ R_1 ⑧ R_2 ⑨ R_3 ⑩ R_4 ⑪ R_1 ⑫ R_2 ⑬ R_3 ⑭ R_4
(4) ① 第1 ② I_1 ③ I_2 ④ 第2 ⑤ R_1 ⑥ $-R_2$ ⑦ $-$ ⑧ R_2 ⑨ R_3 ⑩ E_2

2 $I_1 = 3$ A, $I_2 = 7.7$ A, $I_3 = 3$ A

ステップ 2
- ■1 （1） $m=5$, $R_m=400\,\text{k}\Omega$ 　（2） $V_v=50\,\text{V}$
- ■2 $m=4$, $R_s=3\,\Omega$　■3 $R_4=240\,\Omega$
- ■4 $I_1=0.45\,\text{A}$, $I_2=0.6\,\text{A}$, $I_5=0\,\text{A}$,
  $I_0=1.05\,\text{A}$, $R_0=51.4\,\Omega$
- ■5 （1） $I_1+I_2=I_3$
  （2） $E_1-E_2=R_1I_1-R_2I_2$
  （3） $E_2=R_2I_2+R_3I_3$
  （4） $I_1=1.25\,\text{A}$, $I_2=6.25\,\text{A}$, $I_3=7.5\,\text{A}$

ステップ 3
- ■1 $I_1=1\,\text{A}$, $I_2=-2.5\,\text{A}$, $I_3=1.5\,\text{A}$
- ■2 $I_1=1\,\text{A}$, $I_2=1\,\text{A}$, $I_3=2\,\text{A}$

1.4 導体の抵抗
ステップ 1
- ■1 （1） ① 比例　② 反比例　③ 抵抗率
  ④ オームメートル　⑤ $\Omega\cdot\text{m}$
  （2） ① 導電率
- ■2 有効数字
  ① 0　② 1　③ 2　④ 3　⑤ 4　⑥ 5　⑦ 6
  ⑧ 7　⑨ 8　⑩ 9
  10のべき乗
  ① 10^{-2}　② 10^{-1}　③ 10^0　④ 10^1　⑤ 10^2
  ⑥ 10^3　⑦ 10^4　⑧ 10^5　⑨ 10^6　⑩ 10^7
  ⑪ 10^8　⑫ 10^9

ステップ 2
- ■1 $R=0.07\,\Omega$
- ■2 （1） $\rho=5.89\times10^{-8}\,\Omega\cdot\text{m}$　（2） $l=26.7\,\text{m}$
- ■3 （1） 17.6 %　（2） 60.8 %
  （3） 95.6 %　（4） 98.3 %
- ■4 $R_{60}=11.56\,\Omega$

ステップ 3
- ■1 （1） $\dfrac{1}{4}$ 倍　（2） 8 倍
- ■2 （1） $\alpha_{20}=0.004\,\text{℃}^{-1}$　（2） $R_{50}=5\,880\,\Omega$

1.5 電流の作用
ステップ 1
- ■1 （1） ① 電力　② VI
  （2） ① 電力量　② VIt
  （3） ① 電流　② 抵抗　③ 時間
  ④ ジュール　⑤ ジュール熱
  （4） ① W·s　② W·h　（①と②は順不同）
  ③ 3.6×10^3　④ 3.6

ステップ 2
- ■1 $W=1.2\,\text{kW}\cdot\text{h}$, $H=4.32\,\text{MJ}$
- ■2 （1） $P=500\,\text{W}$　（2） $H=9\,\text{MJ}$
- ■3 $W=5.92\,\text{g}$

ステップ 3
- ■1 $t=17$ 分 30 秒　■2 $t=16$ 分 5 秒

1.6 電池
ステップ 1
- ■1 （1） ① 電気　② 放電　③ 充電
  （2） ① 一次電池　② 二次電池
  ③ 燃料電池　④ 太陽電池
  （3） ① 熱電対　② 起電力　③ 熱電効果
  ④ ゼーベック効果
  （4） ① 発熱　② 熱の吸収
  ③ ペルチエ効果
- ■2 ① 一次　② 一次　③ 一次　④ 一次
  ⑤ 二次　⑥ 二次　⑦ 二次　⑧ 一次
  ⑨ 二次　⑩ 二次

ステップ 2
- ■1 （1） $R=1.9\,\Omega$　（2） $I=2\,\text{A}$, $V=2\,\text{V}$

2. 電流と磁気

2.1 磁界
ステップ 1
- ■1 （1） ① S極　② $\dfrac{m}{\mu}$　③ 反発　④ 向き
  ⑤ 大きさ
  （2） ① 積に比例　② 2乗に反比例
  ③ クーロンの法則　④ m
  ⑤ ウェーバ　⑥ Wb
  （3） ① 磁束　② 磁束密度　③ B
  ④ テスラ　⑤ T

ステップ 2
- ■1 $F=0.169\,\text{N}$
- ■2 $H=1.58\,\text{A/m}$, 磁界の向きは左向き
- ■3 $F=2\times10^{-5}\,\text{N}$　■4 $H=5\,\text{A/m}$
- ■5 $r=23.7\,\text{cm}$
- ■6 $H=0.35\,\text{A/m}$, $B=4.4\times10^{-7}\,\text{T}$

2.2 電流による磁界
ステップ 1

1 (1) ① 円形　② 右ねじ
　　　　③ アンペアの右ねじ
　　(2) ① 右　② 磁界　③ 電流
　　(3) ① 電電石　② N　③ S

2 解図 2.1

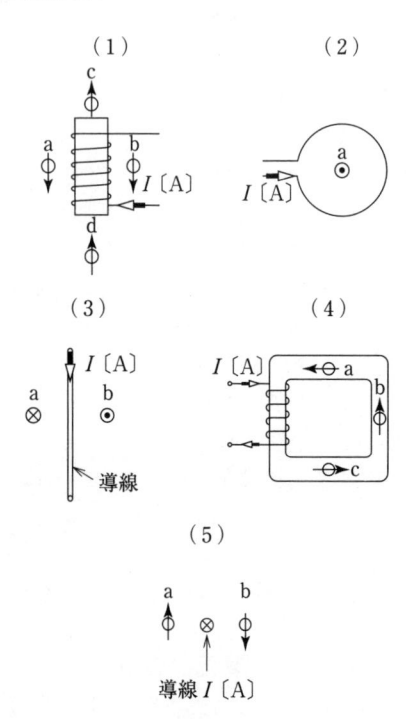

解図 2.1

ステップ 2

1 $H = 9$ A/m　**2** $H = 20$ A/m
3 $H = 796$ A/m　**4** $N = 4$ 回

ステップ 3

1 $N = 5$ 回　**2** $I = 28.3$ A
3 (1) $H = 8.75$ kA/m　(2) $B = 11$ T
　　(3) $\Phi = 88 \times 10^{-3}$ Wb　(88 mWb)

2.3 電磁力
ステップ 1

1 (1) ① 電磁力
　　(2) ① 電流　② 磁束　③ 電磁力
　　　　④ フレミングの左手

2 (1) (2) 解図 2.2

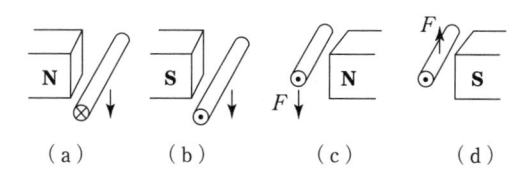

解図 2.2

ステップ 2

1 $F = 1.2$ N　**2** $f = 0.01$ N/m
電磁力の向きは解図 2.3

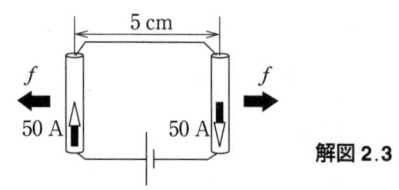

解図 2.3

ステップ 3

1 $F = 2.81$ N, $T = 0.098 = 9.8 \times 10^{-2}$ N·m
電磁力 F の働く向き，トルク T の向きは解図 2.4

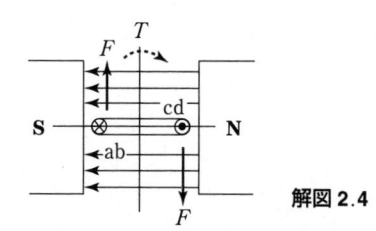

解図 2.4

2 (1) $I = 6.96$ A
　　(2) 電流の向きは解図 2.5

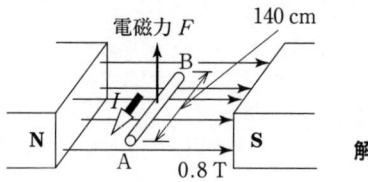

解図 2.5

3 $F = 3.12$ N

2.4 磁気回路と磁性体
ステップ 1

1 (1) ① 磁化　② 磁性体　③ 透磁率 μ
　　　　④ 比透磁率
　　(2) ① 強磁性体　② 常磁性体

　　　　　③ 反磁性体
（3）① 磁化　② 保磁力　③ 残留磁気
（4）① 起磁力　② 磁気回路

ステップ　2
① $F_m = 1.5$ kA, $R_m = 5.68 \times 10^5$ H^{-1}
② $F_m = 600$ A, $R_m = 2.4 \times 10^4$ H^{-1}

ステップ　3
①（1）$R_m = 3.98 \times 10^5$ H^{-1}
　（2）$F_m = 450$ A, $\Phi = 1.13 \times 10^{-3}$ Wb
② $F_m = 3$ kA, $N = 375$

2.5　電磁誘導
ステップ　1
①（1）① 電磁誘導　② 誘導起電力
　　　③ 誘導電流　④ 時間　⑤ 比例
　　　⑥ ファラデー
　（2）① 妨げる　② レンツ
② 解図 2.6

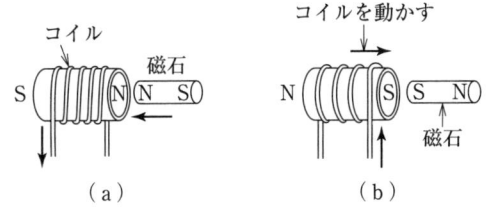

解図 2.6

ステップ　2
① $e = 13.5$ V

ステップ　3
① $N = 375$
② $e_{30} = 2.4$ V, $e_{60} = 4.16$ V, $e_{90} = 4.8$ V
③ $e = 10$ V
④（1）$e = 27$ V
　（2）c → b の向きに流れる，$I = 0.9$ A
　（3）$F = 0.81$ N

2.6　インダクタンスの基礎
ステップ　1
①（1）① 自己誘導　② 自己誘導起電力
　（2）① 比例　② 自己インダクタンス
　　　③ ヘンリー　④ H

ステップ　2
① $L = 10$ mH　② $e = 35$ V
③ $M = 225$ mH　④ $W = 21.6$ J

ステップ　3
① $L = 224$ mH
② $L_1 = 80$ mH, $L_2 = 2$ H, $M = 0.4$ H
③ $k = 0.878$　④ $M = 10$ mH, 和動接続
⑤ 二次コイルの巻数 = 75

3.　静　電　気

3.1　静　電　力
ステップ　1
①（1）① 正　② 負　③ 静電誘導
　（2）① クーロン　② $4\pi\varepsilon$　③ r^2　④ Q_1
　　　⑤ Q_2

ステップ　2
① $F = 3.6$ N, 吸引力　② 解図 3.1

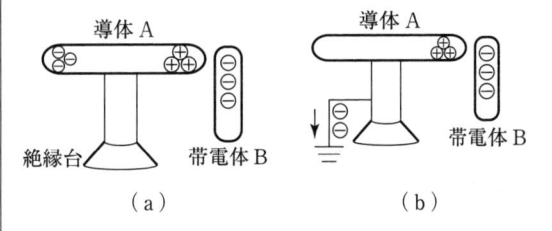

解図 3.1

③ $r = 0.15$ m

ステップ　3
① $F_1 = 27$ N, 右向き　$F_2 = 297$ N, 左向き
　$F_3 = 270$ N, 右向き

3.2　電　界
ステップ　1
①（1）① 電界　② +1　③ 静電力
　（2）① 電気力線　② 正　③ 負　④ $\dfrac{Q}{\varepsilon}$
　　　⑤ 電界の大きさ
　（3）① 電束　② Q　③ 電束密度
　（4）① +1　② エネルギー
　（5）① $V = El$

ステップ　2
①（1）$E = 558$ kV/m, 電界の向きは右向き
　（2）$F = 1.67$ N, 静電力の向きは右向き

84　ステップの解答

2 $D = 53.1\,\text{nC/m}^2$　**3** $E = 18\,\text{kV/m}$
4 $V = 20\,\text{V}$
5 $V_a = 40\,\text{V}$, $V_b = 30\,\text{V}$, $V_{ab} = 10\,\text{V}$

ステップ　3
1 $r = 2.32\,\text{m}$
2 （1）$E = 5.4\,\text{kV/m}$，反発力
　　（2）電気力線数 169 本，$\Psi = 1.5\,\text{nC}$
　　（3）$E = 5\,400\,\text{本/m}^2$，$D = 47.8\,\text{nC/m}^2$
　　（4）$V = 270\,\text{V}$

3.3　コンデンサ
ステップ　1
1 （1）① 電圧　② 静電容量　③ C
　　　　④ ファラド　⑤ F
　　（2）① 電極面積　② 絶縁物の誘電率
　　　　③ 電極間の距離
　　（3）① 比誘電率　② ε_r
　　（4）① 5　② 1.2

ステップ　2
1 （1）$Q = 90\,\mu\text{C}$　（2）$V = 8\,\text{V}$
　　（3）$C = 2\,\mu\text{F}$
2 （1）$C_1 = 0.354\,\text{pF}$　（2）$C_2 = 35.4\,\text{pF}$
　　（3）$C_3 = 0.708\,\text{pF}$　（4）$C_4 = 0.177\,\text{pF}$
3 （1）$C = 11\,\mu\text{F}$　（2）$C = 2.73\,\mu\text{F}$
　　（3）$C = 1\,\mu\text{F}$
4 （1）$Q = 600\,\mu\text{C}$　（2）$W = 60\,\text{mJ}$
5 $C = 8.85\,\text{pF}$
6 （1）$C_{ab} = 60\,\mu\text{F}$　（2）$C_{ac} = 30\,\mu\text{F}$
　　（3）$Q = 1\,800\,\mu\text{C}$　（4）$V_{bc} = 30\,\text{V}$
　　（5）$V_{ab} = 30\,\text{V}$　（6）$Q = 900\,\mu\text{C}$

ステップ　3
1 （1）$C = 0.8\,\mu\text{F}$　（2）$W = 3.2\,\text{mJ}$
2 $C = 2.95\,\text{pF}$

4.　交　流　回　路

4.1　正弦波交流
〔1〕正弦波交流の基礎
ステップ　1
1 （1）① 極性　② 周期的　（2）① 瞬時式
　　（3）① 周期　② 周波数

ステップ　2
1 （1）8.66 V　（2）10 V　（3）－8.66 V
　　（4）－10 V
2 （1）20 ms　（2）10 ms　（3）250 μs
　　（4）66.7 ns
3 （1）4 Hz　（2）250 Hz　（3）12.5 kHz
　　（4）50 MHz

ステップ　3
1 （1）$v = 50\sin\theta$ 〔V〕
　　（2）

θ〔°〕	0	30	60	90	120	150	180
v〔V〕	0	25	43.3	50	43.3	25	0
θ〔°〕	210	240	270	300	330	360	
v〔V〕	－25	－43.3	－50	－43.3	－25	0	

〔2〕正弦波交流の取り扱い（1）
ステップ　1
1 （1）① 最大値　② I_m　（2）① 電力量
　　（3）① 半周期　（4）① $\dfrac{E_m}{\sqrt{2}}$　② $\dfrac{2}{\pi}E_m$

ステップ　2
1 （1）141.4 V　（2）7.07 A
　　（3）254.5 mV　（4）28.28 μA
2 （1）3.82 mA　（2）11.46 mV
　　（3）0.95 A　（4）63.7 V
3 最大値 141.4 V，実効値 100 V，平均値 90 V

ステップ　3
1 （1）120 V　（2）84.85 V　（3）76.39 V
　　（4）240 V　（5）$e = 120\sin\theta$ 〔V〕

〔3〕正弦波交流の取り扱い（2）
ステップ　1
1 （1）① 弧度　② 360°　③ 57.32°
　　（2）① 角周波数　② rad/s
　　（3）① $\dfrac{\pi}{3}$　② 遅れる　③ $-\dfrac{\pi}{3}$

ステップ　2
1

〔°〕	0	30	60	90	120	150	180	210	240	270	360
〔rad〕	0	$\dfrac{\pi}{6}$	$\dfrac{\pi}{3}$	$\dfrac{\pi}{2}$	$\dfrac{2}{3}\pi$	$\dfrac{5}{6}\pi$	π	$\dfrac{7}{6}\pi$	$\dfrac{4}{3}\pi$	$\dfrac{3}{2}\pi$	2π

2 （1）9 V　（2）$1\,000\pi$ 〔rad/s〕

(3) 500 Hz　(4) 2 ms

ステップ 3

1 $v = 141.4 \sin\left(100\pi t + \dfrac{\pi}{4}\right)$ 〔V〕

2 (1) $\omega = 120\pi$ 〔rad/s〕　(2) $f = 60$ Hz
(3) $I_1 = 5$ mA　(4) $I_{av2} = 7.2$ mA
(5) $\dfrac{7}{12}\pi$ 〔rad〕

4.2 正弦波交流とベクトル

〔1〕 ベクトルとベクトル図

ステップ 1

1 (1) ① スカラ　② 力　③ 磁界　④ 向き
　　⑤ ベクトル
(2) ① 大きさ　② ・
(3) ① 実効　② φ

ステップ 2

1 解図 4.1　**2** 解図 4.2

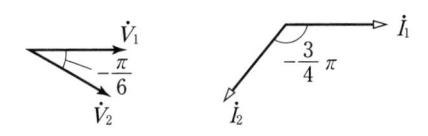

解図 4.1　　解図 4.2

ステップ 3

1 ベクトル図は解図 4.3

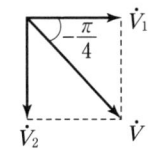

$v = 12 \sin\left(\omega t - \dfrac{\pi}{4}\right)$ 〔V〕

解図 4.3

〔2〕 ベクトルの表示方法

ステップ 1

1 (1) ① $E \angle \varphi$　② $E \cos\varphi$　③ $E \sin\varphi$
　　④ $E \cos\varphi, E \sin\varphi$

ステップ 2

1 (1) $\dot{V}_1 = (173.2, 100)$ 〔V〕
(2) $\dot{I}_1 = (6, -10.39)$ 〔A〕
(3) $\dot{V}_2 = (70.71, 70.71)$ 〔V〕
(4) $\dot{I}_2 = (-8, 13.86)$ 〔A〕

2 (1) $\dot{V}_1 = 282.8 \angle \dfrac{\pi}{4}$ 〔V〕
(2) $\dot{I}_1 = 20 \angle -0.927$ rad
　　$(20 \angle -53.13°)$ 〔A〕
(3) $\dot{V}_2 = 200 \angle \dfrac{2}{3}\pi$ 〔V〕
(4) $\dot{I}_2 = 10 \angle -\dfrac{5}{6}\pi$ 〔A〕

ステップ 3

1 (1) $\dot{V}_1 = 45 \angle 0$ 〔V〕
(2) $\dot{V}_2 = 12.73 \angle -\dfrac{\pi}{6}$ 〔V〕
(3) $\dot{I}_1 = 17 \angle -\dfrac{\pi}{4}$ 〔A〕
(4) $\dot{I}_2 = 3.54 \angle \dfrac{\pi}{3}$ 〔A〕

ベクトル図は解図 4.4

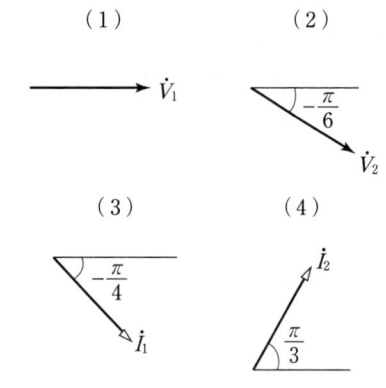

(1)　　(2)
(3)　　(4)

解図 4.4

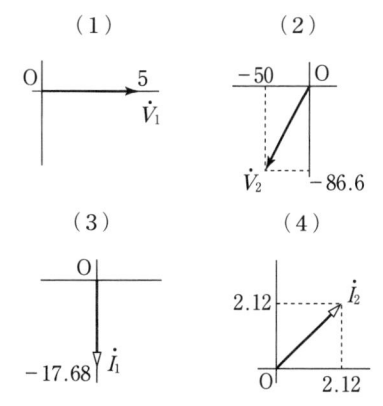

(1)　　(2)
(3)　　(4)

解図 4.5

2 (1) $\dot{V}_1 = (5, 0)$ 〔V〕
(2) $\dot{V}_2 = (-50, -86.6)$ 〔V〕

(3) $\dot{I}_1 = (0, -17.68)$ 〔A〕
(4) $\dot{I}_2 = (2.12, 2.12)$ 〔A〕
ベクトル図は**解図 4.5**

3 〔電圧基準〕
$$\dot{E} = 100\angle 0° \rightarrow \dot{I} = 4\angle -\frac{\pi}{6}$$
ベクトル図は**解図 4.6**（1）

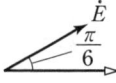

（1）　　　　　　（2）

解図 4.6

〔電流基準〕
$$\dot{I} = 4\angle 0° \rightarrow \dot{E} = 100\angle \frac{\pi}{6}$$
ベクトル図は**解図 4.6**（2）

4.3 交流回路の計算
〔1〕R, L, C だけの基本回路
ステップ 1

1 (1) ① 同相　② $\dfrac{V}{R}$

(2) ① $\dfrac{\pi}{2}$　② 遅れる

(3) ① $\dfrac{\pi}{2}$　② 進む

ステップ 2

1 $I = 4$ A　ベクトル図は**解図 4.7**

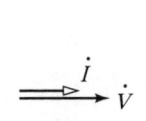

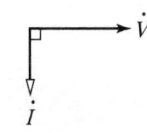

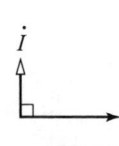

解図 4.7　　**解図 4.8**　　**解図 4.9**

2 $X_L = 12.56$ Ω, $I = 7.96$ A
ベクトル図は**解図 4.8**

3 $X_C = 26.54$ Ω
$I = 3.77$ A　ベクトル図は**解図 4.9**

ステップ 3

1 (1) $f = 50$ Hz　(2) $X_C = 3.18$ kΩ
(3) $I = 31.45$ mA
(4) $i = 44.5\sin\left(100\pi t + \dfrac{\pi}{2}\right)$ 〔mA〕

(5) ベクトル図は**解図 4.10**

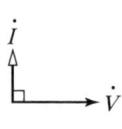

解図 4.10

2 $X_L = 1.2$ kΩ
$f = 382.17$ Hz

3 $X_C = 2.5$ Ω
$C = 63.7$ μF

〔2〕R, L, C 直列回路
ステップ 1

1 (1) ① 誘導　② 電圧　③ 遅れ
④ $\sqrt{R^2 + X_L^2}$

(2) ① 容量　② 電圧　③ 進み
④ $\sqrt{R^2 + X_C^2}$

(3) ① $\tan^{-1}\dfrac{X_L}{R}$　② $\tan^{-1}\dfrac{X_C}{R}$

2 (1) ① 遅れる　② 誘導　③ $X_L - X_C$
④ $\sqrt{R^2 + (X_L - X_C)^2}$

(2) ① インピーダンス三角形

ステップ 2

1 $Z = 15$ Ω, $I = 6.67$ A, $\varphi = 53.1°$

2 $Z = 25.6$ Ω, $I = 4.69$ A, $\varphi = 38.7°$

3 (1) $X = 6$ Ω　(2) $Z = 10$ Ω
(3) $I = 12$ A　(4) $\varphi = 36.9°$

ステップ 3

1 (1) $X_L = 1.26$ kΩ
(2) $Z = 4.19$ kΩ
(3) $I = 1.43$ mA
(4) $\varphi = 17.48°$
(5) ベクトル図は**解図 4.11**

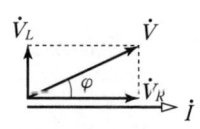

解図 4.11

2 $I_b = 1$ A

3 $R = 500$ Ω, $X_L = 1$ kΩ, $X_C = 500$ Ω,
$V = 70.7$ V, $L = 66.3$ mH, $C = 0.133$ μF

〔3〕 R, L, C 並列回路
ステップ 1

■1 (1) ① 同相 ② $\dfrac{\pi}{2}$ 〔rad〕

(2) ① 遅れ位相 ② $\sqrt{I_R^2 + I_L^2}$

■2 (1) ① 進んで ② 容量性

(2) ① $I_C > I_L$ (3) ① $X_L > X_C$

(4) ① $\sqrt{I_R^2 + (I_C - I_L)^2}$ ② $\tan^{-1}\dfrac{I_C - I_L}{I_R}$

ステップ 2

■1 $I_R = 10$ A, $I_L = 24$ A, $I = 26$ A, $Z = 4.62$ Ω, $\varphi = 67.4°$

■2 $I_R = 10$ A, $I_C = 7.5$ A, $I = 12.5$ A, $Z = 9.6$ Ω, $\varphi = 36.9°$

■3 $I_R = 8$ A, $I_L = 10$ A, $I_C = 4$ A, $I = 10$ A, $Z = 12$ Ω, $\varphi = 36.9°$

ステップ 3

■1 (1) (a) $X_L = 37.7$ Ω
(b) $I = 2.92$ A, $\varphi = 46.7°$

(2) (a) $I_C = 4$ A
(b) $I = 2.74$ A, $\varphi = 43.2°$

〔4〕 共振回路
ステップ 1

■1 (1) ① $2\pi fL$ ② $\dfrac{1}{2\pi fC}$ ③ 共振周波数

(2) ① π ② V_R ③ R ④ 最小

(3) ① π ② I_R ③ R ④ 最小

ステップ 2

■1 $f_0 = 50.3$ kHz, $I_0 = 1$ A, $V_R = 10$ V,
$V_L = 3.16$ kV, $V_C = 3.16$ kV

■2 $f_0 = 290.7$ kHz, $I_R = 1$ A, $I_L = I_C = 2.74$ mA, $I_0 = 1$ A

ステップ 3

■1 $C = 25.4$ pF, $I_R = 2$ A, $I_L = I_C = 1.59$ mA, $I_0 = 2$ A

4.4 交流電力
ステップ 1

■1 (1) ① VI ② RI^2 ③ $\dfrac{V^2}{R}$

(2) ① 0 (3) ① $VI\cos\varphi$

(4) ① 皮相電力 P_s ② 無効電力 P_q

(5) ① 遅れる ② $I\cos\varphi$ ③ $I\sin\varphi$

(6) ① $VI\cos\varphi$ ② ワット ③ W
④ $VI\sin\varphi$ ⑤ バール ⑥ var

(7) ① ボルトアンペア ② V・A

(8) ① $P = \sqrt{P_s^2 - P_q^2}$ ② $\varphi = \tan^{-1}\dfrac{P}{P_s}$

ステップ 2

■1 $\cos\varphi = 0.78$, $P_s = 520$ V・A, $P = 405.6$ W, $P_q = 325.4$ var

■2 $V = 86.6$ V, $\cos\varphi = 0.832$, $P = 576$ W

■3 $I = 5$ A, $\cos\varphi = 0.8$, $P = 480$ W

ステップ 3

■1 $\cos\varphi = 0.6$, $P_s = 1$ kV・A, $P = 600$ W, $P_q = 800$ var

■2 $R = 8$ Ω, $X_L = 6$ Ω

標準テスト

公益社団法人 全国工業高等学校長協会
平成26年度　標準テスト試験問題

電気基礎　(A)　(50分)

注意　答えは，各問題の下の解答群（□の中）からもっとも適したものを選び，その記号を解答欄に記入すること。電卓，ポケコンは必要に応じて使用してよい。

1　次の各問に答えよ。
(1) 最大目盛300 mV，内部抵抗900 Ωの電圧計がある。これを最大目盛3 Vの電圧計として使用するために必要な直列抵抗器（倍率器）の大きさ〔kΩ〕を求めよ。
(2) 600 Wの電熱器を1日50分，12日間使用したときの電力量〔kW・h〕を求めよ。
(3) 巻数100回のコイルを貫く磁束が，0.02秒間に0.3 Wbから0.7 Wbまで直線的に変化した。このとき，コイルに生じる誘導起電力の大きさ〔V〕を求めよ。
(4) 電極板の面積 A，間隔 l の平行板コンデンサの間に比誘電率5の物質をはさんだとき，この平行板コンデンサの静電容量が300 μFになった。この平行板コンデンサの電極板の間隔を2倍にし，はさんでいる物質を取り除き真空にした場合，この平行板コンデンサの静電容量〔μF〕を求めよ。
(5) 図1において，スイッチSを閉じても検流計の針が振れなかった。この回路の合成抵抗〔Ω〕を求めよ。

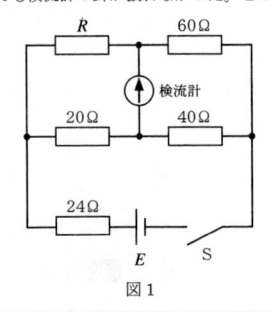

図1

解答群							
(ア) 0.09	(イ) 0.1	(ウ) 0.8	(エ) 3.6
(オ) 5	(カ) 6	(キ) 8.1	(ク) 9
(ケ) 14.4	(コ) 20	(サ) 24	(シ) 30
(ス) 36	(セ) 60	(ソ) 120	(タ) 360
(チ) 600	(ツ) 750	(テ) 2000	(ト) 6000

(1)	
(2)	
(3)	
(4)	
(5)	

2　図2において，次の各問に答えよ。ただし，24 Ωの抵抗に100 mAの電流が流れているものとする。
(1) スイッチSが開いているとき，
　　(a) 回路の合成抵抗〔Ω〕を求めよ。
　　(b) 14 Ωの抵抗に流れる電流〔mA〕を求めよ。
(2) スイッチSを閉じたとき，
　　(a) 回路の合成抵抗は，スイッチSを開いているときの何倍になるか求めよ。
　　(b) 40 Ωの抵抗に流れる電流〔mA〕を求めよ。

図2

解答群							
(ア) 0.606	(イ) 0.645	(ウ) 0.833	(エ) 1.55
(オ) 8	(カ) 22	(キ) 26	(ク) 50
(ケ) 60	(コ) 97.5	(サ) 100	(シ) 105
(ス) 150	(セ) 165	(ソ) 200	(タ) 300

(1)	(a)	
	(b)	
(2)	(a)	
	(b)	

③ 図3において，次の各問に答えよ。
(1) 接続点 a において，キルヒホッフの第1法則を用いて式をたてると，(　　　　　　)となる。
(2) 閉回路①において，キルヒホッフの第2法則を用いて式をたてると，(　　　　　　)となる。
(3) a-b 間の電圧 [V] を求めよ。
(4) 4Ωの抵抗で消費する電力 [W] を求めよ。

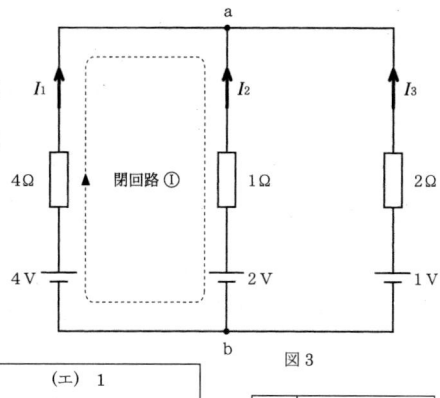

図3

解答群
(ア) 0.111	(イ) 0.142	(ウ) 0.443	(エ) 1
(オ) 2	(カ) 2.67	(キ) 3.33	(ク) 6
(ケ) $I_1 - I_2 - I_3 = 0$	(コ) $I_1 - I_2 + I_3 = 0$	(サ) $I_1 + I_2 - I_3 = 0$	
(シ) $I_1 + I_2 + I_3 = 0$	(ス) $4I_1 - I_2 = 2$	(セ) $4I_1 - I_2 = 6$	
(ソ) $4I_1 + I_2 = 2$	(タ) $4I_1 + I_2 = 6$		

(1)	
(2)	
(3)	
(4)	

④ 次の各問に答えよ。
(1) 真空中に磁極の強さが 6×10^{-4} Wb と 8×10^{-4} Wb の磁極を 12 cm 離して置いたとき，この2つの磁極間に働く力の大きさ [N] を求めよ。ただし，真空中の透磁率は $4\pi \times 10^{-7}$ H/m とする。
(2) 図4-1のように，半径 5 cm，巻数 20 回の円形コイルに 3 A の電流を流したとき，中心 P に生じる磁界の大きさ [A/m] を求めよ。
(3) 図4-2のように，磁束密度 0.5 T の磁界中に長さ 6 cm，幅 3 cm，巻数 30 回の方形コイルがある。このコイルに 2 A の電流を流したところ，点 O を中心に回転した。次の各問に答えよ。ただし，図の ⊗⊙ は電流の向きを表す。
 (a) このコイルに働くトルクの大きさ [N・m] を求めよ。
 (b) このコイルに働くトルクは，フレミングの [a] の法則により [b] の方向に生じる。

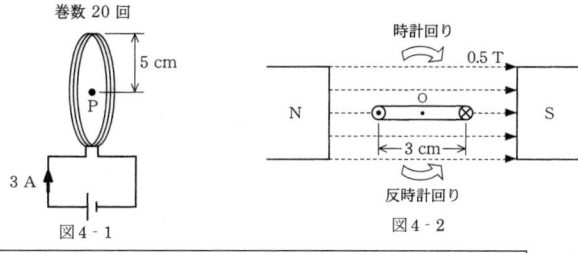

図4-1　図4-2

解答群
(ア) 2.11×10^{-4}	(イ) 1.56×10^{-3}	(ウ) 2.70×10^{-2}	(エ) 5.40×10^{-2}
(オ) 0.253	(カ) 2.11	(キ) 6	(ク) 26.5
(ケ) 30	(コ) 190	(サ) 540	(シ) 600
(ス) a：左手 b：時計回り	(セ) a：左手 b：反時計回り	(ソ) a：右手 b：時計回り	(タ) a：右手 b：反時計回り

(1)	
(2)	
(3)	(a)
	(b)

⑤ 図5において，次の各問に答えよ。
(1) 回路の合成静電容量 [μF] を求めよ。
(2) 静電容量 6μF のコンデンサに 108μC の電荷が蓄えられているとき，電源電圧 E [V] を求めよ。
(3) 静電容量 4μF のコンデンサに蓄えられる静電エネルギー [μJ] を求めよ。

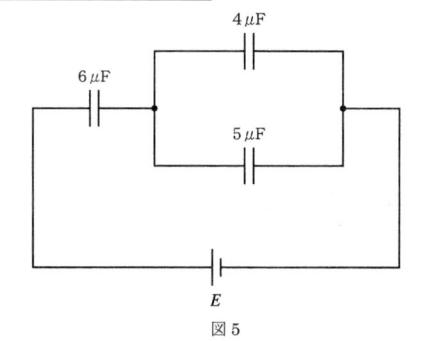

図5

解答群
(ア) 3.6	(イ) 7.4	(ウ) 8.22	(エ) 12
(オ) 15	(カ) 18	(キ) 24	(ク) 30
(ケ) 288	(コ) 389	(サ) 648	(シ) 1800

(1)	
(2)	
(3)	

公益社団法人 全国工業高等学校長協会
平成26年度　標準テスト
電気基礎 (A) 解答

1 各5点 計25点	(1)	(2)	(3)	(4)	(5)
	キ	カ	テ	シ	セ

2 各5点 計20点	(1)		(2)	
	(a)	(b)	(a)	(b)
	カ	タ	イ	セ

3 各5点 計20点	(1)	(2)	(3)	(4)
	シ	ス	オ	エ

4 各5点 計20点	(1)	(2)	(3)	
			(a)	(b)
	カ	シ	エ	ス

5 各5点 計15点	(1)	(2)	(3)
	ア	ク	ケ

公益社団法人 全国工業高等学校長協会
平成27年度　　標準テスト試験問題

電　気　基　礎　（Ａ）　（50分）

注意　答えは，各問題の下の解答群（ □ の中）からもっとも適したものを選び，その記号を解答欄に記入すること。
電卓，ポケコンは必要に応じて使用してよい。

1　次の各問に答えよ。
(1) 最大目盛 300 mA の電流計に，電流計の内部抵抗の 2 倍の抵抗値をもつ分流器を接続した。このとき，この電流計の測定可能な最大電流〔mA〕を求めよ。
(2) 起電力 3.7 V の電池に 1.8 Ω の抵抗を接続したところ，2 A の電流が流れた。この電池の内部抵抗〔Ω〕を求めよ。
(3) 断面積 2 mm²，長さ 500 m の金属導体の抵抗〔Ω〕を求めよ。ただし，この金属導体の抵抗率を 0.025 Ω・mm²/m とする。
(4) 500 W（抵抗値 20 Ω）の電熱器を 25 分間使用したときに発生する熱量〔kJ〕を求めよ。
(5) 真空中において，$2×10^{-5}$ C と $3×10^{-5}$ C の 2 つの点電荷を 20 cm 離して置いたとき，2 つの点電荷の間に働く静電力の大きさ〔N〕を求めよ。ただし，真空の誘電率は $8.85×10^{-12}$ F/m とする。

解答群

(ア) $1.0×10^{-4}$	(イ) $9.5×10^{-4}$	(ウ) 0.0135	(エ) 0.05
(オ) 0.1	(カ) 1.85	(キ) 3.6	(ク) 6.25
(ケ) 12.5	(コ) 25	(サ) 27	(シ) 30
(ス) 135	(セ) 150	(ソ) 250	(タ) 450
(チ) 600	(ツ) 750	(テ) 900	(ト) 10000

(1)	
(2)	
(3)	
(4)	
(5)	

2　図 1 において，次の各問に答えよ。ただし，$R_1 = 6$ Ω，$R_2 = 2$ Ω，$R_3 = 6$ Ω，$R_4 = 2$ Ω，$R_5 = 6$ Ω とする。
(1) スイッチ S が開いているとき，
　(a) 回路に流れる電流 I〔A〕を求めよ。
　(b) 抵抗 R_2 で消費する電力〔W〕を求めよ。
(2) スイッチ S を閉じたとき，
　(a) 回路の合成抵抗〔Ω〕を求めよ。
　(b) 回路の合成抵抗はスイッチ S が開いているときと比べ何倍になるか。

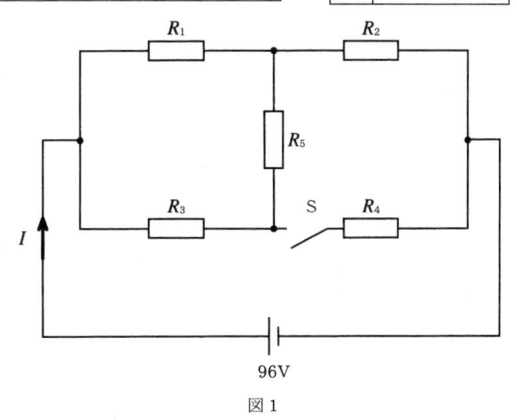

図 1

解答群

(ア) 0.667	(イ) 0.8	(ウ) 1	(エ) 2
(オ) 2.4	(カ) 4	(キ) 5	(ク) 6
(ケ) 16	(コ) 19.2	(サ) 24	(シ) 96
(ス) 192	(セ) 512	(ソ) 737	(タ) 1150

(1)	(a)	
	(b)	
(2)	(a)	
	(b)	

3　図 2 において，次の各問に答えよ。
(1) 接続点 a において，キルヒホッフの第 1 法則を用いて式をたてると，（　　　　　）となる。
(2) 閉回路①において，キルヒホッフの第 2 法則を用いて式をたてると，（　　　　　）となる。
(3) 6 Ω の抵抗に流れる電流 I_2〔A〕を求めよ。
(4) a–b 間の電圧〔V〕を求めよ。

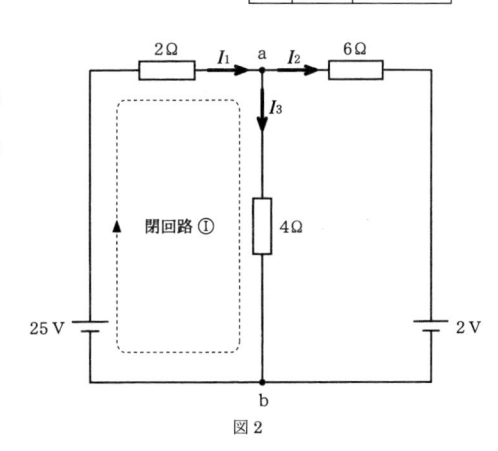

図 2

	(ア)	2	(イ)	4	(ウ)	4.8	(エ)	6.5
解	(オ)	7.7	(カ)	14	(キ)	26	(ク)	49
答	(ケ)	$I_1 - I_2 - I_3 = 0$	(コ)	$I_1 - I_2 + I_3 = 0$			(サ)	$I_1 + I_2 - I_3 = 0$
群	(シ)	$I_1 + I_2 + I_3 = 0$	(ス)	$25 = -2I_1 - 4I_3$			(セ)	$25 = -2I_1 + 4I_3$
	(ソ)	$25 = 2I_1 - 4I_3$	(タ)	$25 = 2I_1 + 4I_3$				

(1)	
(2)	
(3)	
(4)	

4 次の各問に答えよ。
 (1) 真空中に置かれた 1.7×10^{-5} Wb の磁極から 20 cm 離れた点の磁界の大きさ〔A/m〕を求めよ。ただし，真空の透磁率は $4\pi \times 10^{-7}$ H/m とする。
 (2) 図3のように，空気中に2本の無限に長い導体 a, b を 30 cm の間隔で平行に置いたとき，導体 1 m あたりに働く電磁力の大きさ〔N〕を求めよ。
 (3) 図4のように，磁束密度 1.8 T の平等磁界と直角に置かれた長さ 15 cm の直線導体がある。この導体を磁界の向きに対して $60°$ の方向に $v = 8$ m/s の速さで動かしたとき，次の各問に答えよ。
  (a) 導体に発生する誘導起電力の方向は，フレミングの [a] の法則により [b] の方向である。
  (b) 導体に発生する誘導起電力の大きさ〔V〕を求めよ。

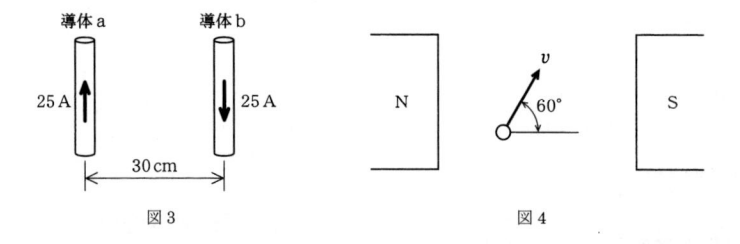

図3

図4

	(ア)	6.71×10^{-9}	(イ)	1.67×10^{-5}	(ウ)	4.17×10^{-4}	(エ)	1.08
解	(オ)	1.87	(カ)	2.16	(キ)	5.38	(ク)	13.3
答	(ケ)	26.9	(コ)	187	(サ)	338	(シ)	4170
群	(ス)	a 左手 b ⊗			(セ)	a 左手 b ⊙		
	(ソ)	a 右手 b ⊗			(タ)	a 右手 b ⊙		

(1)		
(2)		
(3)	(a)	
	(b)	

5 図5において，次の各問に答えよ。
 (1) 回路の合成静電容量〔μF〕を求めよ。
 (2) a–b 間の電圧〔V〕を求めよ。
 (3) 静電容量 24 μF のコンデンサに蓄えられる電荷〔μC〕を求めよ。

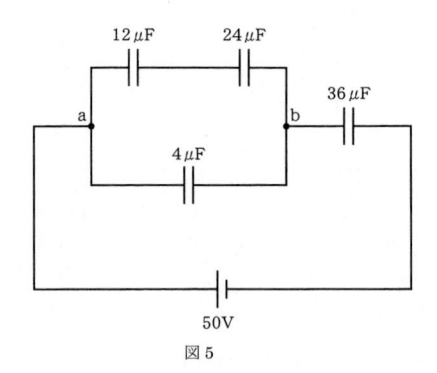

図5

解	(ア)	5	(イ)	8	(ウ)	9	(エ)	12.5
答	(オ)	25	(カ)	37.5	(キ)	39.6	(ク)	76
群	(ケ)	100	(コ)	300	(サ)	900	(シ)	1200

(1)	
(2)	
(3)	

公益社団法人 全国工業高等学校長協会
平成27年度　標準テスト
電気基礎 (A) 解答

1 各5点 計25点	(1)	(2)	(3)	(4)	(5)
	タ	エ	ク	ツ	ス

2 各5点 計20点	(1)		(2)	
	(a)	(b)	(a)	(b)
	ケ	セ	カ	ア

3 各5点 計20点	(1)	(2)	(3)	(4)
	ケ	タ	ア	カ

4 各5点 計20点	(1)	(2)	(3)	
			(a)	(b)
	ケ	ウ	ソ	オ

5 各5点 計15点	(1)	(2)	(3)
	ウ	カ	コ

公益社団法人 全国工業高等学校長協会
平成 28 年度　　標準テスト試験問題

電気基礎　(A)　　(50分)

注意　答えは，各問題の下の解答群（□の中）からもっとも適したものを選び，その記号を解答欄に記入すること。
電卓，ポケコンは必要に応じて使用してよい。

1 次の各問に答えよ。

(1) 最大目盛の5倍の電圧を測定するには，直列抵抗器（倍率器）の値を電圧計の内部抵抗の何倍にすればよいか求めよ。
(2) 500Wの電熱器を1日あたり3時間15分，4日間使用したときの電力量 [kW・h] を求めよ。
(3) 図1-1において，a-b間の電位差 V_{ab} [V] を求めよ。
(4) 図1-2のように，空気中におかれた無限に長い直線導体に12.6Aの電流を流したとき，導体から20cm離れた点Pの磁界の強さ [A/m] を求めよ。
(5) 図1-3において，コイルAに流れる電流Iを0.01秒間に80mA変化させたとき，コイルBの両端に発生する誘電起電力 e [V] を求めよ。ただし，2つのコイルA, B間の相互インダクタンスは4.5Hとする。

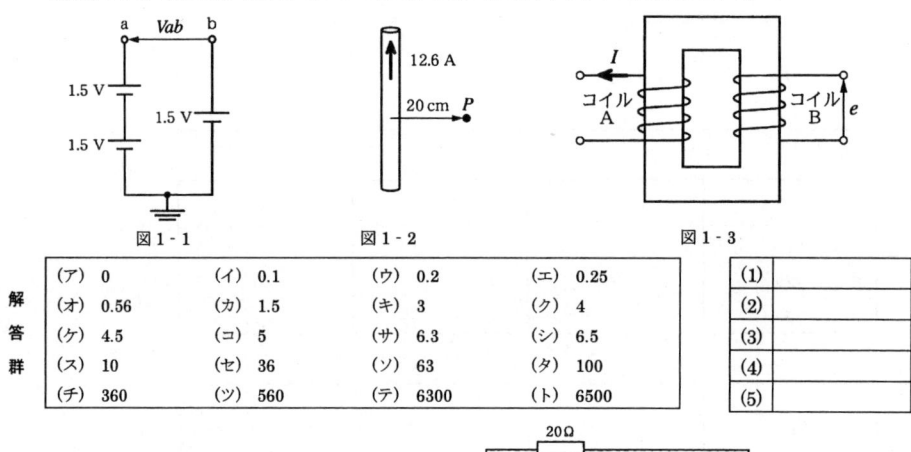

図1-1　　　図1-2　　　図1-3

(ア)	0	(イ)	0.1	(ウ)	0.2	(エ)	0.25
(オ)	0.56	(カ)	1.5	(キ)	3	(ク)	4
(ケ)	4.5	(コ)	5	(サ)	6.3	(シ)	6.5
(ス)	10	(セ)	36	(ソ)	63	(タ)	100
(チ)	360	(ツ)	560	(テ)	6300	(ト)	6500

解答欄 (1)(2)(3)(4)(5)

2 図2において，次の各問に答えよ。

(1) スイッチSが開いているとき，
　(a) 回路の合成抵抗 [Ω] を求めよ。
　(b) 回路に流れる電流 I [A] を求めよ。
(2) スイッチSを閉じたとき，電流 I が2Aになった。
　(a) 抵抗 R [Ω] を求めよ。
　(b) 抵抗 R で消費する電力 [W] を求めよ。

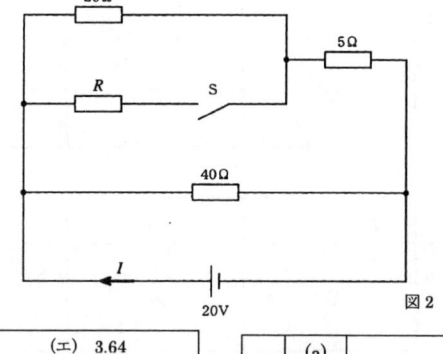

(ア)	0.77	(イ)	0.80	(ウ)	1.30	(エ)	3.64
(オ)	5.49	(カ)	6.67	(キ)	7.81	(ク)	10.9
(ケ)	14.3	(コ)	15.0	(サ)	15.4	(シ)	17.5
(ス)	20.0	(セ)	40.0	(ソ)	44.0	(タ)	65.0

3 図3において，次の各問に答えよ。

(1) 接続点aにおいて，キルヒホッフの第1法則を用いて式をたてると，（　　　）となる。
(2) 閉回路①において，キルヒホッフの第2法則を用いて式をたてると，（　　　）となる。
(3) 電流 I_1 [A] を求めよ。
(4) a-b間の電圧の大きさ [V] を求めよ。

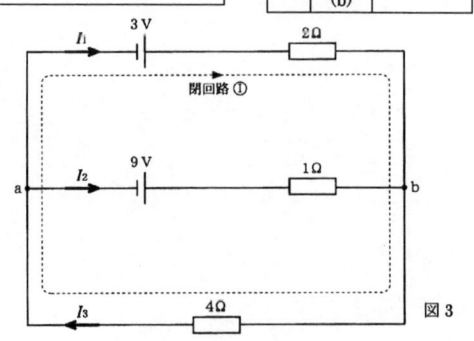

解答群							
(ア)	$-I_1+I_2+I_3=0$	(イ)	$I_1-I_2+I_3=0$	(ウ)	$I_1+I_2-I_3=0$		
(エ)	$I_1+I_2+I_3=0$	(オ)	$-2I_1-4I_3=3$	(カ)	$2I_1-4I_3=3$		
(キ)	$2I_1+4I_3=3$	(ク)	$I_2+4I_3=9$	(ケ)	-2.7		
(コ)	-1.5	(サ)	0	(シ)	1.5	(ス)	4.5
(セ)	6	(ソ)	8.5	(タ)	9		

(1)	
(2)	
(3)	
(4)	

4 次の各問に答えよ。

(1) 図4-1のように，磁路の断面積が $10\,cm^2$，平均磁路長が $0.5\,m$，比透磁率 1000 の環状鉄心に，断面積 $0.8\,mm^2$ の銅線を 500 回巻き，コイルに $2A$ の直流電流を流した。この環状鉄心の磁束密度〔T〕を求めよ。

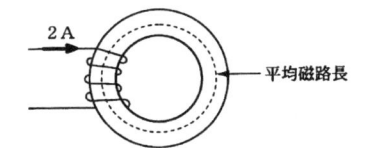

図4-1

(2) 図4-2のように，磁束密度 $B=0.15\,T$ の一様な磁界の中に $30\,cm$ の間隔で 2 本の直線導体 ab, cd を磁束と垂直な平面上に固定し，bd 間に $R=5\,\Omega$ の抵抗が接続されている。いま，導体 XY を ← の方向に速度 $v=20\,m/s$ で ab, cd に直角のまま動かした。次の各問に答えよ。ただし，直線導体 ab, cd は平行におかれているものとする。
  (a) bd 間に発生する電圧の大きさ〔V〕を求めよ。
  (b) 抵抗 R に流れる電流の大きさ〔A〕と，流れる方向を求めよ。
  (c) 導体 XY に働く電磁力の大きさ〔N〕を求めよ。

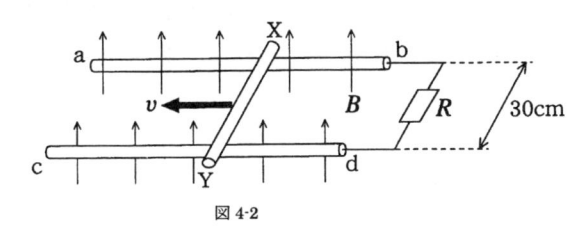

図 4-2

解答群							
(ア)	8.1×10^{-3}	(イ)	4.05×10^{-3}	(ウ)	2.51×10^{-3}	(エ)	4.0×10^{-2}
(オ)	1.6×10^{-2}	(カ)	0.18	(キ)	0.36	(ク)	0.45
(ケ)	0.81	(コ)	0.9	(サ)	1.8	(シ)	2.51
(ス)	18	(セ)	25.1	(ソ)	90	(タ)	2.51×10^4
(チ)	b から d	(ツ)	d から b				

(1)			
(2)	(a)		
	(b)	大きさ	方向
	(c)		

5 次の各問に答えよ。
 図5のように，4つのコンデンサ C_1，C_2，C_3，C_4 を接続し，スイッチSを閉じて $12\,V$ の電圧を長時間加えた後，スイッチSを開いた。ただし，各コンデンサの静電容量は $3\,\mu F$ とする。
 (1) 回路の合成静電容量〔μF〕を求めよ。
 (2) コンデンサ C_1 に蓄えられる電荷〔μC〕を求めよ。
 (3) コンデンサ C_3 両端の電圧〔V〕を求めよ。

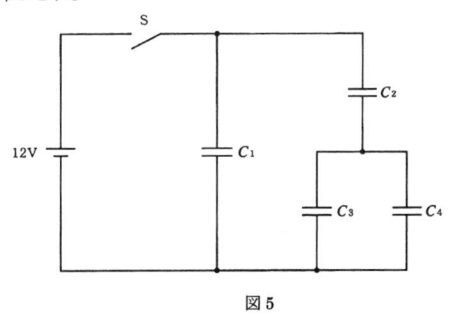

図5

解答群							
(ア)	1.8	(イ)	2.25	(ウ)	2.4	(エ)	4
(オ)	5	(カ)	7.5	(キ)	8	(ク)	12
(ケ)	21.6	(コ)	27	(サ)	36	(シ)	90

(1)	
(2)	
(3)	

公益社団法人 全国工業高等学校長協会
平成28年度　標準テスト
電気基礎 (A) 解答

1 各5点 計25点

(1)	(2)	(3)	(4)	(5)
ク	シ	カ	ス	セ

2 各5点 計20点

(1)		(2)	
(a)	(b)	(a)	(b)
サ	ウ	ケ	ク

3 各5点 計20点

(1)	(2)	(3)	(4)
ウ	キ	コ	セ

4 各5点 計20点

(1)	(2)			
	(a)	(b) 大きさ	(b) 方向	(c)
シ	コ	カ	チ	ア

(2), (b) は大きさ, 方向が**両方正解**で5点。

5 各5点 計15点

(1)	(2)	(3)
オ	サ	エ